北京联合出版公司
Beijing United Publishing Co.,Ltd.

专家审校：刘　莹

科学顾问团队

哺乳动物：猫　盟
张劲硕
鸟　　类：关翔宇
黄瀚晨
王瑞卿
张　瑜
昆　　虫：王思一
两 栖 类：张钧铎
爬 行 类：张钧铎
植　　物：李永浩
潘　勃
余天一

推荐语

人类乃动物界之一物种，居城市或乡村，与我等伴生者尚有蜂蝶蚁、蛇蛙龟、雀鸦鹊、蝠鼬猬。生命与环境之联系即生态也，城市生态系统之于人类至关重要！城市并非仅是车水马龙、喧嚣嘈杂，更应蛙噪蝉鸣、鸟语花香。两位“帅真”作者，人居关怀，洞察秋毫，标新美术，卓尔不群；他们为您展现了一个熟悉却又未知的城市及其生态！是为荐。

——国家动物博物馆研究馆员、科普策划总监　张劲硕 博士

要想成为一名多知多懂的自然爱好者，最好的办法就是从自己城市的生物认起。这本书涵盖了北京能见到的各种常见生物，讲解清楚，绘画舒服，是北京孩子的福音。我小时候要是有这本书该多幸福。

——《博物》杂志策划总监　张辰亮

这是一套非常的优秀科普作品。它立足于北京市，展现了郊野、公园和我们社区周边的常见动植物，对实地自然观察有切实的指导作用。书的内容丰富有趣，对动物行为的描绘生动而细腻，妙趣横生。特别值得一提的是，这套书的绘图与版面设计特别精美，除了带给人自然知识，还能给人以审美享受。

——《博物》杂志内容总监　刘莹

我每年都会去很多国家买很多书，尤其是自然科普类，当国家地理的编辑把这本书放到我面前的时候，我的第一反应就是……买！此书的插画风格和设计皆属上乘，绝不输国外的优秀自然科普书籍。

——微博@闲人王昱珩，生活家、自由设计师、南极大使　王昱珩

说到城市，大家想到的必然是繁华的大街上车水马龙，钢筋水泥的丛林里霓虹闪烁。作为一个在北京胡同里土生土长的孩子来说，现在的城市和以前完全不同。记得小时候，春天的胡同里穿梭着衔泥筑巢的家燕，夏天的什刹海柳树上蝉鸣阵阵，秋夜老墙缝里的蟋蟀吸引了打着手电的小伙伴们，冬日的墙根下黄鼬会留下觅食的踪迹。

难道现在就真的感受不到了吗？其实仔细观察、细细体会，我们不难发现，那些坚强的生命依旧在现代化的都市中生生不息。

一套《城市自然故事》带你去了解身边的自然，回味童年往事，更是治疗“自然缺失症”的“一剂良药”！

——二宝-杨毅

如何阅读这本书

“城市自然故事·北京”系列第一册《在胡同》，讲述从家到胡同、到市场、到城市绿化带的动植物知识及自然故事。第一章故事发生在家中，描述了各种与人相伴的宠物们的原产地及其习性；第二章故事发生在北京鼓楼一带的胡同中，鸟儿和野猫是胡同的“常驻居民”；第三章讲述了老北京的鸟鱼虫趣；第四章盘点了水产市场里的各种生物；第五章讲述了绿化带里常见的植物知识。

本书设计了多种不同类型的页面样式：章节页、物种大全页、物种档案页、物种表格、索引页和知识超链接卡片，为全面展示物种知识提供丰富的角度。

章节页

每个新篇章的开始，都是一幅精美的场景画面，描绘了这一章的故事背景。这些动植物故事就真实地在这里发生。

物种大全

物种大全汇聚了北京地区不同生境的生物种类及观察要领。掌握它们的知识后，不妨去户外逐一寻找吧！

物种档案

物种档案采用数据可视化的方式，展示物种的文字信息，包括学名、形态、时间和地域等信息。在进行自然观察时，这些数据信息会帮你更好地辨识物种。

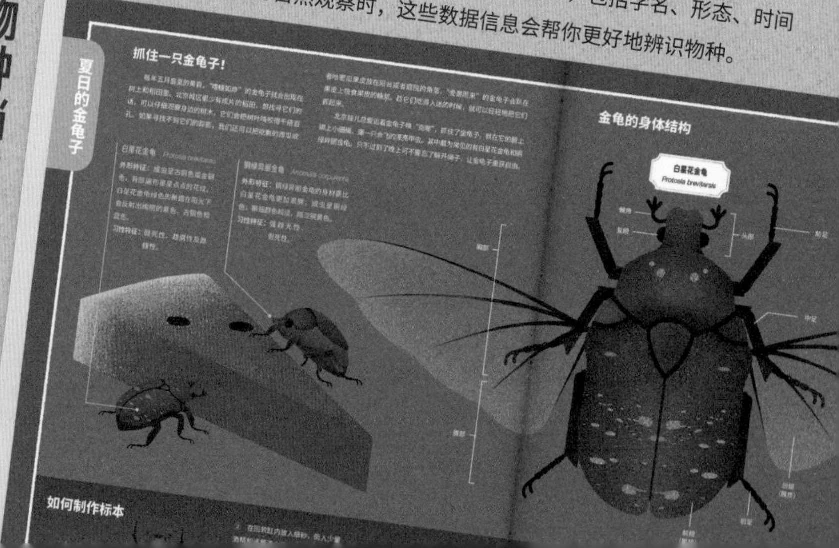

索引

索引页有每本书提到的所有物种，通过它可以快速找到想要了解的物种和它们背后有趣的故事。

知识超链接

每一个物种，都有专属的知识超链接。根据每个知识超链接的指引跳转，可以轻松找到下一个同类物种的知识超链接板块。

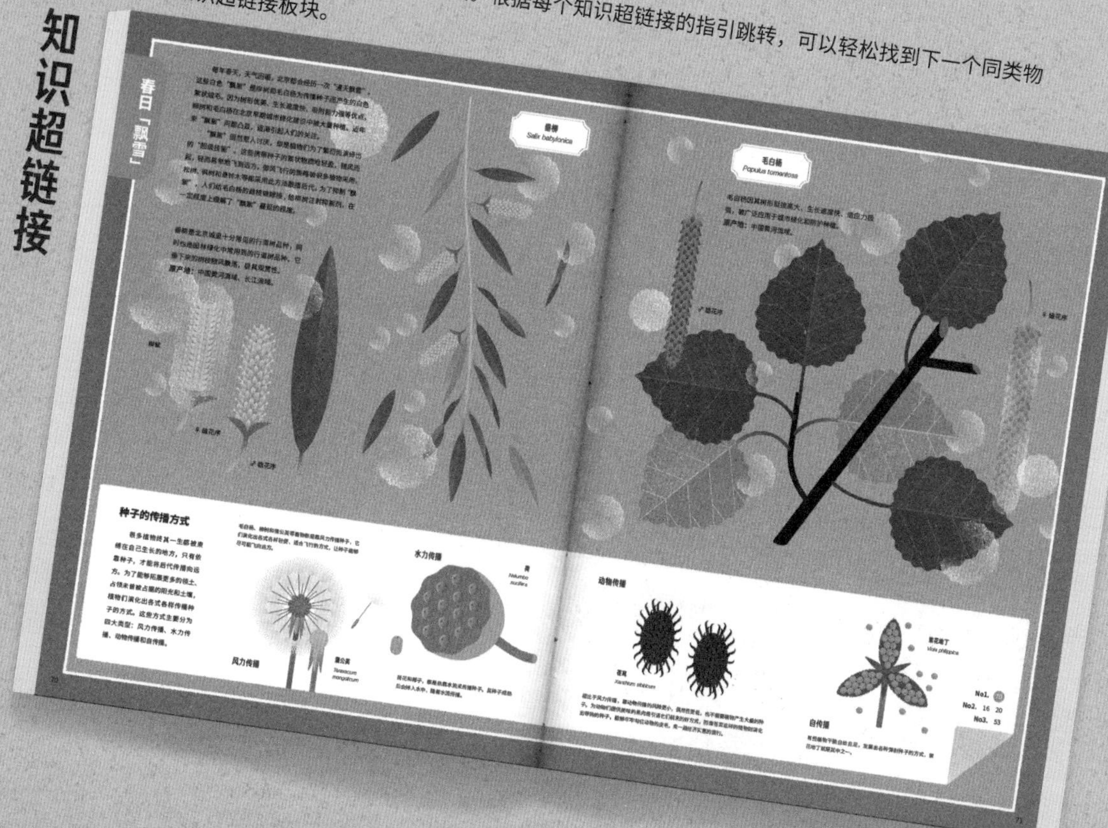

物种图表

物种图表以信息可视化的方式直观地展现一大类物种的详细数据。提供了可供查阅参考的实用信息。

目录

家中的朋友们 8
客厅萌宠会 10
犬类档案........12
异宠大聚会 14
缤纷水世界 16
家里的不速之客........18
夏日的金龟子 20

鼓楼胡同里的小生态 22
树梢上的邻居 24
麻雀的故事 26
麻雀的行为密码........28
京城建筑师 30
燕子在哪里 32
一起来做人工鸟巢 34
胡同里的流浪猫........36

老北京的闲情逸趣........38
笼中鸟 40
“笼养鸟”从哪里来........42
虫趣 44
夏日鸣蝉........45
蟋蟀擂台........46
声音的秘密 47
金鱼市场........48
金鱼族谱........50

超市水产大盘点........52
五湖四海的鱼类........54
甲壳勇士........56
餐桌上的“网红” 58
市场里的“珠宝” 60

京城绿化带 62
行道树的四季........64
行道树图鉴 66
春日“飘雪” 68
争奇斗艳的园林花卉........70
粉红家族........72

知识卡片索引 74
物种索引 76

家中的朋友们

北京是一座繁华的现代化大都市，生活着来自五湖四海的居民，很多动物也跟随着人类来到这里定居。

它们有的是人类的“座上嘉宾”——宠物。我们把它们从世界各地接到家中，长期的陪伴与照顾，让它们成为我们家庭的一员。家养宠物的种类五花八门，除了忠诚的狗狗、可爱的猫咪，也有越来越多的人开始饲养“龙猫”“六角恐龙”等不那么常见的动物。

有些生活在家里的动物则是不速之客。它们趁人们不注意，悄悄潜入家里。这些小家伙偷偷地与我们生活在同一屋檐下，有时还会给我们的生活带来困扰。

其实，不论是与我们相亲相爱的宠物，还是引人不快的“虫害”，都给城市的钢筋水泥丛林带来勃勃生机。家庭也是进行自然观察的好场所，让我们从认识家里的动物朋友开始，了解它们的精彩故事吧。

家猫
Felis catus
绒毛丝鼠
Chinchilla lanigera
鬃狮蜥
Pogona vitticeps
蒙眼貂
Mustela putorius furo
仓鼠
Cricetinae spp.
小黄家蚁
Monomorium pharaonis

客厅萌宠会

客厅的地毯上真热闹！这些可爱的动物是我们的动物伙伴，它们给了我们亲近自然的机会。理想的动物伙伴关系是互相陪伴，不离不弃，同时还要注意合法合规地选择我们的伙伴哟。

花鼠 *Tamias sibiricus*

花鼠是松鼠科中的一员，除了家养宠物，也有不少野生的，在北京的公园或者郊野都能观察到它们的踪迹。

原 产 地：中国的华北、西北、东北等地

习性特征：喜欢攀登高处，行动敏捷迅速，有冬眠的习性

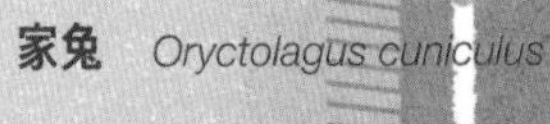

家兔 *Oryctolagus cuniculus*

现代家兔的祖先是欧洲的野生穴兔。中世纪的欧洲僧侣把它们当作肉用动物来饲养。

原 产 地：欧洲

习性特征：在夜间的活跃度更高，白天活动相对较少，有啃木、扒土的习惯

萌宠故事：北京非物质文化遗产的代表之一就是兔儿爷，传说是平安的守护神

仓鼠 *Cricetinae spp.*

仓鼠两颊有用于储藏食物的颊囊，如同粮仓一般，因此得名仓鼠。

原 产 地：叙利亚

习性特征：喜欢在筑巢的地方挖洞，并将收集到的种子带回洞中储存

家猫 *Felis catus*

猫是城市家庭中最常见的萌宠之一。它们的祖先是广布于亚欧大陆及非洲大陆的野猫。也许是因为人类种植农作物吸引大量鼠类，野猫追捕鼠类来到人类周围，人类为了捕鼠而驯化野猫以及野猫为了适应环境而发生的自我驯化，于是家猫出现了。

原 产 地：最早的家猫可能出现在埃及和小亚细亚半岛

习性特征：喜独处，善攀爬，多在夜间行动

豚鼠 *Cavia porcellus*

豚鼠，即大名鼎鼎的荷兰猪，也叫天竺鼠。它们最早也是作为肉用动物而被人类驯养的。

原 产 地： 南美洲安第斯山脉地区

习性特征： 性格温顺，胆小易惊，喜欢干燥清洁的生活环境

萌宠故事： 豚鼠被早期的西班牙、荷兰和英国商人带到欧洲之后，成为上层社会时髦的宠物

绒毛丝鼠 *Chinchilla lanigera*

因为毛皮极其柔软、顺滑，野生绒毛丝鼠被大量猎杀，后来被人类当作皮毛兽驯养。

原 产 地： 南美洲安第斯山脉地区

习性特征： 性情温顺、昼伏夜出，喜欢在沙土中打滚嬉戏或者清洁身体

萌宠故事： 绒毛丝鼠是宫崎骏动画中赫赫有名的“龙猫”的原型

蒙眼貂 *Mustela putorius furo*

也叫雪貂，是由野生林鼬培育出来的宠物。早期人们驯养它们作为皮毛兽。

原 产 地： 欧洲

习性特征： 好动，喜好玩耍，好奇心十足

家犬 *Canis lupus familiaris*

在生物分类学上，狗与狼是同一种动物

原 产 地： 最早有关于狗驯化的考古发现在欧洲和亚洲

习性特征： 喜欢奔跑，性格活泼，嗅觉灵敏

犬类档案

狗狗是人类最好的朋友，是我们在日常生活中最常看见的动物之一。有关它们的知识，我们又知道多少呢？让我们打开这份犬类档案，去好好了解它们吧。

阿拉斯加雪橇犬

身材高大健壮，毛发浓密，看起来很威风。它们最初生活在阿拉斯加，是因纽特人用来拉雪橇的工作犬；后来经过选育，成为雪橇竞速的赛狗；现在又成为了家养宠物犬。这种狗温柔活泼，好奇心强，每天需要大量运动。

体型分类：巨型犬
原 产 地：美国
性　　格：温柔、活泼

西伯利亚雪橇犬

也叫“哈士奇”，因为外表憨态可掬、个性活泼好动，经常被戏称为“二哈”。它们最初是西伯利亚等地用来拉雪橇的工作犬，并与北极地区的狼有杂交混血。后来作为宠物狗选育，虽然保持了似狼的外貌，但是个性却温和、好动，喜欢与人亲近。

体型分类：大型犬
原 产 地：西伯利亚
性　　格：充满活力、忠诚

肩高与体长

一般说到犬的身高，都是指犬的肩高，即在犬自然站立的时候，从地面到其肩胛骨顶端的垂直距离。根据肩高，犬被划分成小、中、大、巨型犬。而体长是指在犬自然站立时，从胸骨前端到坐骨（屁股）末端的距离。

金毛寻回犬

简称“金毛”，是19世纪在苏格兰培育出来的犬种。它们起初是猎人的助手，帮人找回打中的猎物。金毛不仅漂亮，而且聪明友善，逐渐成为最受欢迎的宠物犬之一。经过训练，它们还能承担导盲、陪伴病人等工作。

体型分类：大型犬
原 产 地：苏格兰
性　　格：温驯、憨厚、友善

萨摩耶雪橇犬

简称“萨摩耶”，身披浓密、厚实的白毛，特别漂亮。它们张嘴喘气的样子像在微笑，所以有“微笑天使”的昵称。它们最初是俄罗斯北极地区游牧民族的雪橇犬，后被培育成宠物犬。它们活泼好动，与西伯利亚雪橇犬、阿拉斯加雪橇犬一起被戏称为“雪橇三傻”。

体型分类：大型犬
原 产 地：西伯利亚
性　　格：充满活力、忠诚

拉布拉多猎犬

简称“拉布拉多”，最初是作为猎犬培育的犬种，因为它们聪明、友善，而且非常忠诚，广受人们欢迎，被培养成宠物犬和工作犬，能承担搜救、导盲等职责。目前有英国、美国等不同品系，颜色从黑色到浅金色，非常多样。

体型分类： 大型犬
原 产 地： 加拿大
性　　格： 阳光、友善、热爱玩耍

柴犬

日本的古老犬种，擅长在山林间捕捉小动物，最初是作为猎犬驯养的。柴犬性格活泼、机警，对主人忠诚顺从，可以看家护院，也是家里老人和孩子的好伙伴。

体型分类： 中型犬
原 产 地： 日本
性　　格： 独立、性格倔强、忍耐力强

贵宾犬

贵宾犬根据体型大小一般被分为大型、中型、迷你型、玩具型四种。人们口中常提到的“泰迪犬”其实并不是狗狗的品种，而是贵宾犬的一种修剪方式。因为造型和泰迪熊玩偶相像而获此昵称。

体型分类： 小型犬
原 产 地： 欧洲
性　　格： 活泼敏感，善解人意

巨型犬

大型犬

中型犬

小型犬

威尔士柯基犬

简称柯基，是出了名的“小短腿”。从12世纪的查理一世到现在的女王伊丽莎白二世，威尔士柯基犬一直是英国王室的宠物。和北京犬一样，也是名副其实的犬中贵族。

体型分类： 中型犬
原 产 地： 瑞典、威尔士
性　　格： 勇敢大胆、精力旺盛

北京犬

中国古老的贵族犬种，一直繁育在宫廷王室和权贵手中，已有四千年的历史。而现在北京所说的“京巴犬”，则是指以北京犬血统为主的小型混血宠物犬。

体型分类： 小型犬
原 产 地： 中国
性　　格： 有个性、表现欲强

吉娃娃犬

世界上最小型的犬种之一，比普通家猫还要瘦小。它们对待主人极有独占心。

体型分类： 小型犬
原 产 地： 南美洲
性　　格： 警惕、黏人，不喜欢外来的犬种

异宠大聚会

除了哺乳动物，两栖和爬行动物也被越来越多的人喜爱和饲养，成为家里的“异宠”。这些原本小众的动物逐渐变得流行。和它们做朋友之前不妨了解它们的原产地和习性吧！

豹纹守宫 *Eublepharis macularius*

豹纹守宫通体布满斑点，如同豹的花纹。

原 产 地：印度及巴基斯坦的荒漠地带

习性特征：傍晚至夜晚最为活跃，适应性强，以昆虫为食

鬃狮蜥 *Pogona vitticeps*

遇到危险时，鬃狮蜥会鼓起喉咙、张大嘴，竖起脖子下面的短刺虚张声势，如同奓（zhà）毛的小狮子一般，因而得名。

原 产 地：澳大利亚东部的荒漠地区

习性特征：半树栖型，日行性，热爱日光浴

东方蝾螈 *Cynops orientalis*

东方蝾螈背部黝黑，但腹部色彩艳丽。近来多有人将其当作异宠饲养，但它带有毒性，且是保护动物，不能在家作为宠物饲养。

原 产 地：中国东部和中部

习性特征：行动缓慢，常捕食水生昆虫

玉米锦蛇 *Elaphe guttata*

一种性格温顺的无毒蛇，因颜色鲜艳、花纹美丽而被当作宠物饲养。在野外，它们生活在沼泽、山林里，也经常到农田去捕捉老鼠。

原 产 地：美国东南部

习性特征：温顺，黄昏至夜间觅食

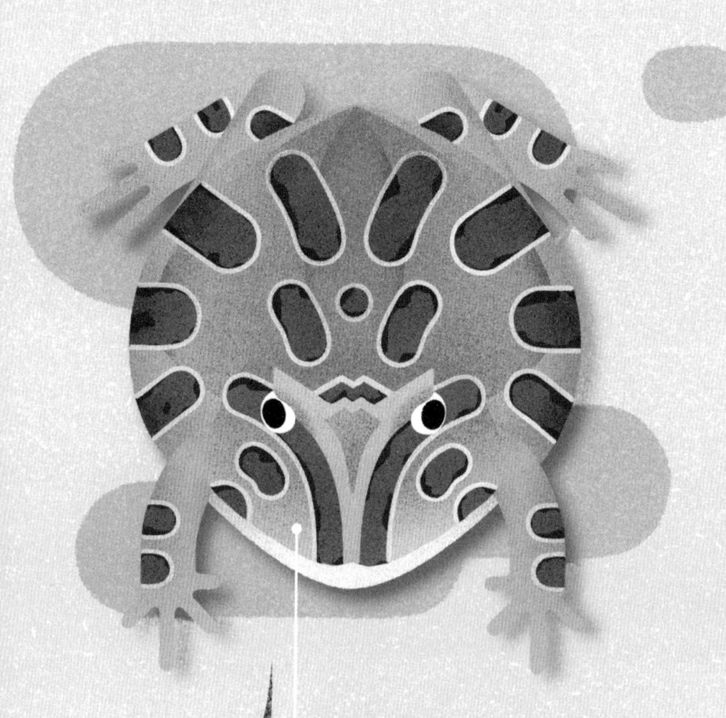

真鳄龟 *Macroclemys temminckii*

又称大鳄龟，它们咬合力惊人，能轻易咬碎粗大的树枝。遇到它们时要千万小心，切勿随意触摸。

原 产 地：美国密西西比河流域

性格特征：性情凶猛

南美角蛙 *Ceratophrys cranwelli*

胖胖的南美角蛙是世界上最为流行的宠物蛙。角蛙其实很凶猛，会吞下任何它能够吞下的动物！

原 产 地：南美洲中北部

性格特征：行动迟钝，喜欢守株待兔的捕食方式

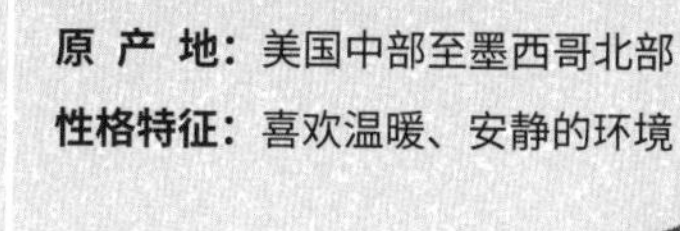

巴西红耳龟 *Trachemys scripta elegans*

俗称巴西龟，是最为常见的宠物龟。近年来，它们一直被错误地当作放生对象，流入中国各大水域。其强大的适应能力让它成为世界上最危险的入侵物种之一。

原 产 地：美国中部至墨西哥北部

性格特征：喜欢温暖、安静的环境

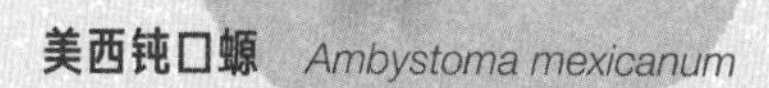

美西钝口螈 *Ambystoma mexicanum*

俗称六角恐龙，因为可爱的外貌在网络上红极一时。钝口螈具有强大的再生能力，断掉的四肢会在数天内复原。作为宠物的钝口螈极其常见，但在其故乡，因为栖息地被破坏，野生钝口螈成为濒危物种。

原 产 地：墨西哥

习性特征：不好动，视觉差，主要靠嗅觉捕食

缤纷水世界

很多孩子都期望拥有一个自己的水族箱，看着小鱼们悠闲地游来游去，心情也会变得愉悦起来。这些漂亮的鱼儿，有的来自本地，北京城市公园里的池塘、水池就有；有的则来自万里之外，远离了自己的故乡，在我们的水族箱里安家落户。

东南亚水族缸

美丽硬仆骨舌鱼
Scleropages formosus

俗　　名： 亚洲龙鱼、红龙鱼
原 产 地： 马来西亚、印度尼西亚
观察要点： 身体庞大，表面像红色水晶

南美洲热带雨林中不仅陆生动物种类繁多，水生物种也十分丰富，大部分宠物市场上见到的热带鱼都来自亚马孙雨林，还有一部分来自秘鲁、阿根廷等地的水域。

南美洲水族缸

霓虹脂鲤 *Paracheirodon innesi*

俗　　名： 宝莲灯、红绿灯
原 产 地： 南美洲内格罗河
观察要点： 腹部蓝红相间，显得格外艳丽

横纹神仙鱼
Pterophyllum altum

俗　　名： 埃及神仙鱼
原 产 地： 南美洲亚马孙河
观察要点： 体形扁宽，通体带黑色横纹

红吻半线脂鲤 *Hemigrammus bleheri*

俗　　名： 红鼻剪刀
原 产 地： 南美洲亚马孙河
观察要点： 头部染成鲜红色，十分鲜艳

玫瑰鲃脂鲤 *Hyphessobryccon rosaceus*

俗　　名： 玫瑰扯旗鱼
原 产 地： 南美洲亚马孙河
观察要点： 通体桃红色，鱼鳍偏大

东南亚分布着很多美丽的鱼类，如我们熟知的红龙鱼就来自这里。

尾斑新亮丽鲷（diāo）、贝氏孔雀鲷、淡黑镊丽鱼、四棘新亮丽鲷均来自非洲东部东非大裂谷上的三大淡水湖泊。为了适应特殊的地质条件和水下生境，鱼儿们不仅演绎出多变的形态及色泽，还演化出各种有趣的适应生存的行为。

非洲水族缸

贝氏孔雀鲷

Aulonocara baenschi

俗　　名：黄帝鱼

原 产 地：非洲马拉维湖

观察要点：通体金黄色，脸部闪耀着蓝色

尾斑新亮丽鲷

Neolamprologus caudopunctatus

俗　　名：黄帆天堂鸟

原 产 地：非洲坦噶尼喀湖

观察要点：通体银色，外泛粉红色

淡黑镊丽鱼

labidochromis caeruleus

俗　　名：非洲王子

原 产 地：非洲马拉维湖

观察要点：通体亮丽的黄色

四棘新亮丽鲷

Neolamprologus tetracanthus

俗　　名：珍珠雀

原 产 地：非洲坦噶尼喀湖

观察要点：通体桃红色，鱼鳍偏大

中国也有很多特有的观赏鱼品种，分布在广东珠江三角洲地区的唐鱼就是其中之一，而中华鳑鲏（páng pí）则来自我们身边：不仅仅在北京，中国的各大水系均能见到它们的踪影。

东亚水族缸

唐鱼

Tanichthys albonubes

俗　　名：白云金丝

原 产 地：广东珠江三角洲

观察要点：体小且细长，沿体侧中间有一条金黄色或银蓝色纵条

中华鳑鲏

Rhodeus sinensis

俗　　名：火镰片儿

原 产 地：中国长江流域、黄河流域

观察要点：体侧扁，体色艳丽

家里的不速之客

除了我们饲养的宠物，家里有时也会出现一些不速之客。它们有的觊觎厨房中的美食，在暗处安营扎寨；有的寻觅过冬的庇护所，误打误撞进入我们的家中；有的则相当恼人，吸血、损毁东西，骚扰我们的生活。

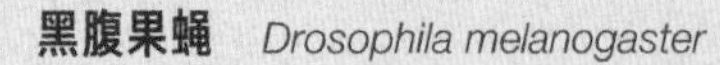

黑腹果蝇 *Drosophila melanogaster*

切开的水果放在桌上，很快就能招来一些蚂蚁那么大的飞虫，它们其实是苍蝇的亲戚——黑腹果蝇。虽然果蝇无毒，也不像苍蝇那么“脏”，但还是会污染食物。果蝇虽然恼人，但是它们却是科学家的宝贝，是遗传学研究的理想实验动物。

聚集地：夏天室内的腐烂水果上

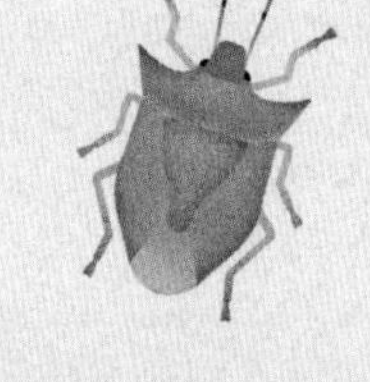

弯角蝽 *Lelia decempunctata*

大多数蝽以植物汁液为食，人们家里并没有它们的口粮，它们进入人类家庭多为避寒或误入。它们能散发臭味，所以不要用手摸它哦！

聚集地：阳台

德国小蠊 *Blattella germanica*

德国小蠊就是我们家中常见的蟑螂，它虽然冠名德国，但实际上来自非洲。德国小蠊已经入侵了全国各地。

聚集地：厨房不干净的角落

铜绿异丽金龟 *Anomala corpulenta*

贪吃的丽金龟会被水果吸引，在夏季闯入家中。它们金属色的鞘翅会反射阳光，是孩子们最喜欢捉弄的对象。

聚集地： 摆放水果的桌子上

衣鱼 *Lepisma* spp.

衣鱼是一类较原始的昆虫。以各种谷物、纸张、皮毛和纤维为食。

聚集地： 潮湿阴暗的夹缝中。书柜中放了多年的书里常会有衣鱼的踪迹

小黄家蚁 *Monomorium pharaonis*

小黄家蚁原本来自北非，跟随着人类的足迹逐渐遍布全世界。注意家庭卫生是预防小黄家蚁最好的方法。

聚集地： 带有食物残渣的地面上

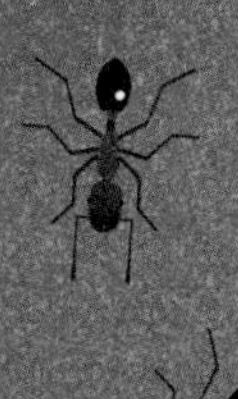

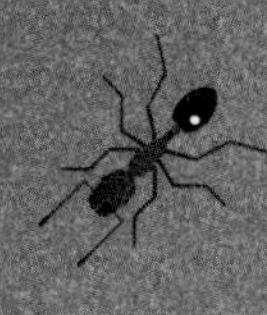

衣蛾 *Tinea pellionella*

衣蛾的幼虫会制作纺锤形的丝袋，把自己藏身其中，以羊毛、蚕丝、羽毛和棉花为食。

聚集地： 毛巾、软垫家具缝里

蚊子“军团”

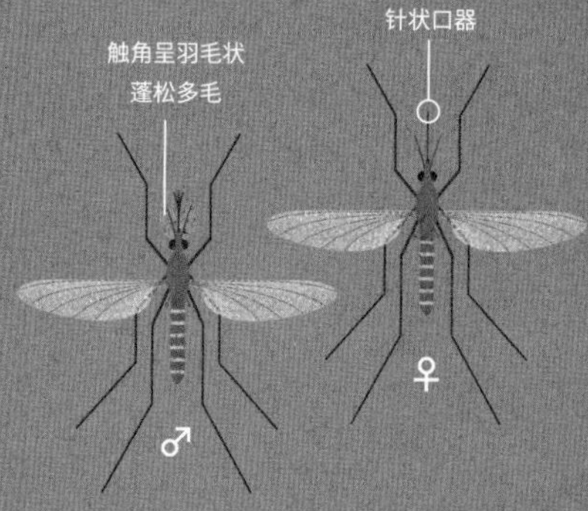

淡色库蚊 *Culex pipiens pallens*

夏夜在人们耳边萦绕，发出烦人“嗡嗡”声的便是淡色库蚊了。在北京，叮咬人们的九成以上是这种蚊子。

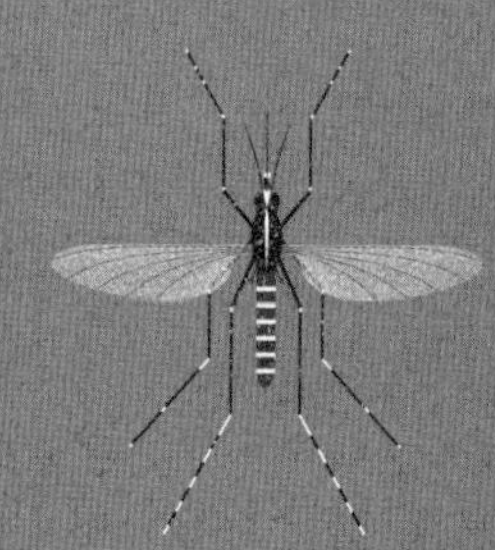

白纹伊蚊 *Aedes albopictus*

俗称“花腿蚊子”，原产于东南亚。强大的生命力和抗寒能力让它成功入侵了 70 多个国家。在中国南方，白纹伊蚊是人们的噩梦。

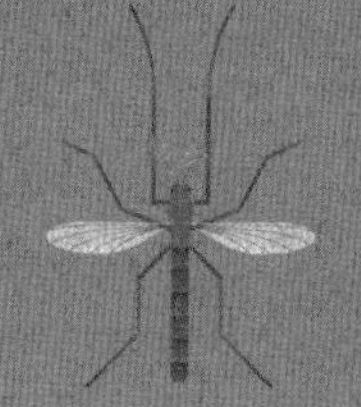

摇蚊 *Chironomidae spp.*

并非所有蚊子都是害虫。摇蚊科成员不仅不咬人，还是水生态的重要一环。有人专门养殖摇蚊幼虫（又叫血红虫），它是一种优良的天然饵料。

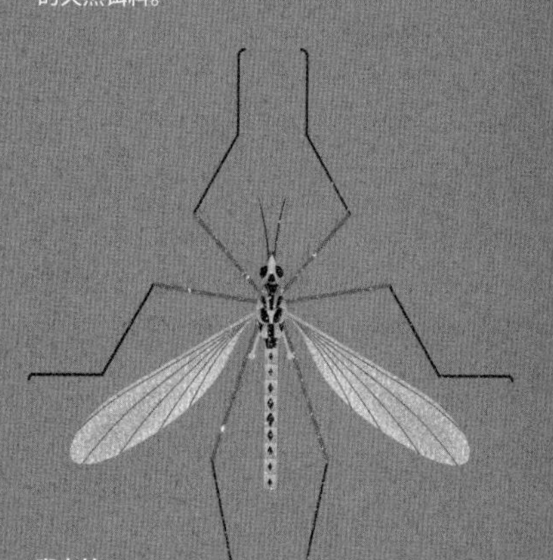

斑大蚊 *Nephrotoma appendiculata*

大蚊科成员也不咬人，不管是幼虫还是成虫，都是典型的素食主义者。

抓住一只金龟子！

每年五月盛夏的黄昏，“嗜糖如命”的金龟子就会出现在树上和稻田里。北京城区很少有成片的稻田，想找寻它们的话，可以仔细观察身边的树木，它们会把树叶啃咬得千疮百孔。如果寻找不到它们的踪影，我们还可以把吃剩的西瓜或者哈密瓜果皮放在阳台、庭院的角落，“受邀而来”的金龟子会趴在果皮上吸食果皮的糖浆。趁它们吃得入迷的时候，就可以轻轻地把它们抓住。

从前北京的孩子总爱追着金龟子唤“克啷”，抓住了金龟子，就在它的腿上绑上小细绳，遛一只会飞的漂亮甲虫。最为常见的有白星花金龟和铜绿异丽金龟。到了晚上可不要忘了解开绳子，让它们重获自由。

白星花金龟 *Protosia brevitarsis*

外形特征：成虫身体为古铜色或金铜色，背部遍布星星点点的花纹。它们的翅在阳光下会反射出绚丽的紫色、古铜色和蓝色

习性特征：会装死，趋腐及趋糖

铜绿异丽金龟 *Anomala corpulenta*

外形特征：铜绿异丽金龟的身材要比白星花金龟更加滚胖，成虫呈铜绿色，鞘翅颜色较淡，略泛铜黄色

习性特征：强趋光性、会装死

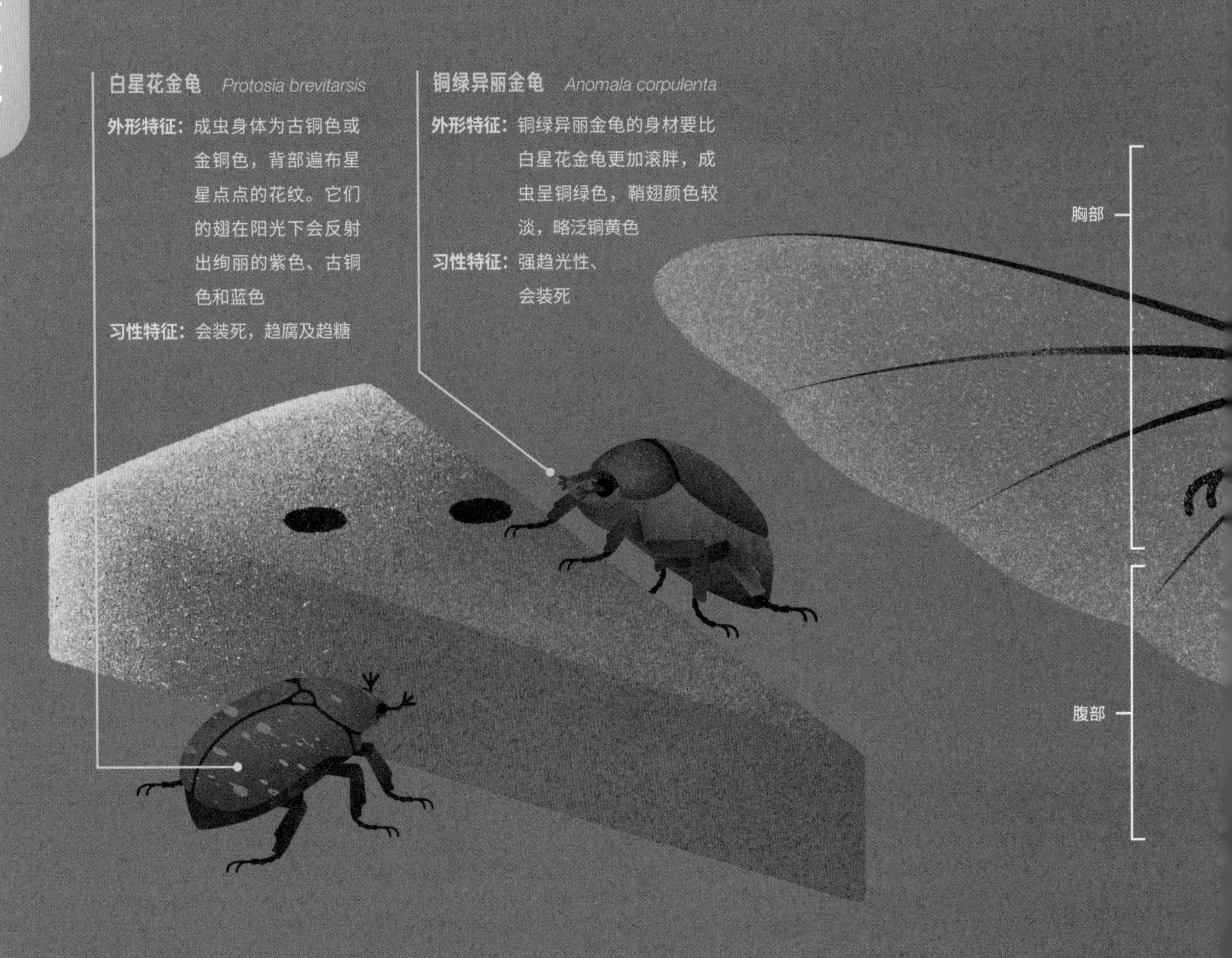

如何制作标本

① 从采集到制作标本的时间间隔太久时，昆虫体内的肌肉会僵硬，轻轻触碰就可能导致触角或附节断掉，昆虫的翅与足就不能完好地摆成我们需要的姿势。所以这时需要先回软。

② 在回软缸内放入细砂，倒入少量酒精和适量清水搅拌。用棉花包裹虫体放置在隔板上。几小时后，把回软好的昆虫从回软缸里取出来。

金龟的身体结构

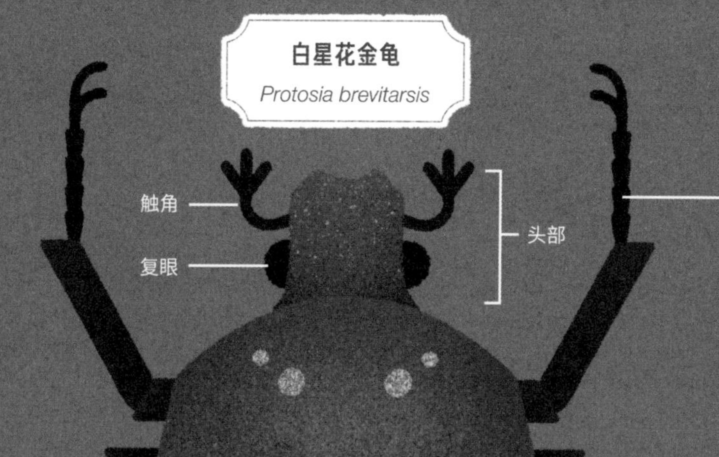

中足

后翅
（膜质）

后足

前翅
（鞘翅）

什么是昆虫

昆虫是动物界中节肢动物门昆虫纲的动物，是这个星球上数量最为庞大、种类最为繁多的动物群体。

结构特征：它们的身体由头、胸、腹三个部分构成，拥有三对足（及两对翅）。虽然都隶属于节肢动物门下，但蜘蛛、蝎子、蜈蚣等动物不属于昆虫，它们的身体结构有着明显的区别。

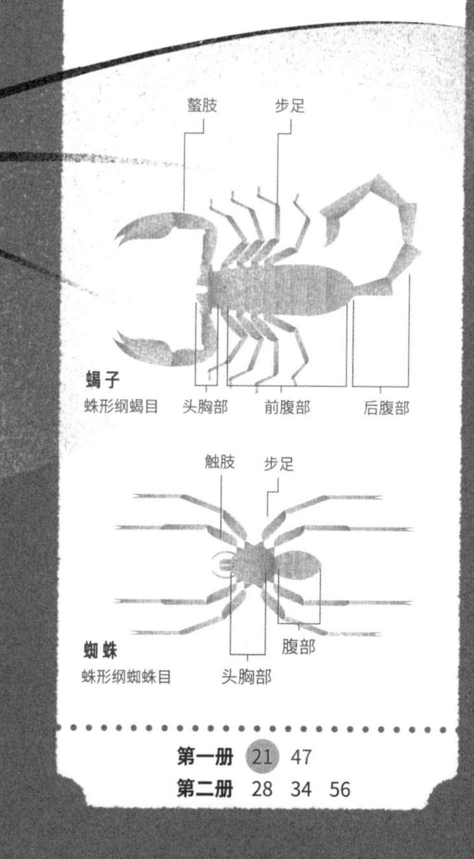

第一册 21 47
第二册 28 34 56

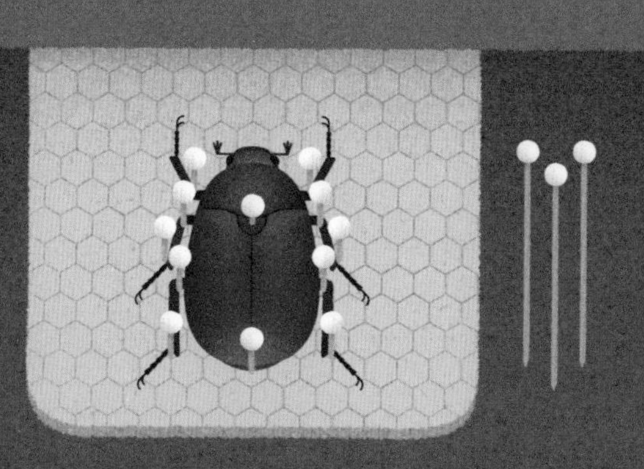

③ 取合适的泡沫板开始调整姿势。用昆虫针固定昆虫标本，根据该种昆虫最正确的姿势，对插针后的昆虫作局部调整，使其与活昆虫具有一样的姿态。将昆虫放置到安全通风处干燥 1～2 周，就可以完全干透。

④ 在制成的昆虫标本中放适量的防蛀防霉药剂，插上标签置于避光的干燥处。这样，昆虫标本就完成了。

珠颈斑鸠
Streptopelia chinensis

鼓楼胡同里的小生态

胡同是极具北京特色的居民社区，京城百姓生活于此，茶余饭后，人们聊天、散步、下棋、打牌，其乐融融。鼓楼一带的胡同，是老北京风貌保存得最好的区域之一。抬眼望去，灰瓦屋顶鳞次栉比，中间镶嵌着郁郁葱葱的大树，高高的钟鼓楼映衬在蓝天白云下，真是一幅安居乐业的美好画面。

除了人类，鼓楼一带的胡同也是不少野生动物的家，树梢上、房檐下、绿地花园之间，它们自由自在，过着自己有滋有味的小日子。这些动物习惯了城市的喧嚣，不但不怕人，还经常“资源利用”，捡剩饭、淘垃圾，掌握了一套与人类和平共处的本领。

爱好社交的小麻雀们在胡同里的各个角落蹦跶着，叽叽喳喳，嬉戏、觅食、求偶。有的麻雀机警胆小，还没等人们的脚步靠近就飞到高处的树枝上，而有的麻雀却十分大胆，一副见过世面的样子，哪怕是在南锣鼓巷、烟袋斜

街这种人山人海的热闹胡同里也不胆怯，大大方方地在地上跳来跳去、啄食食物。

身披华丽衣裳的喜鹊在鼓楼上空盘旋，寻找着一切可以让它建造完美巢穴的材料。要是它突然落在地面上，然后再向天空飞去，那肯定是有所收获。它有的时候衔起细细的小树枝，有的时候叼着一片斑驳的树皮，有的时候甚至不知道从哪里捡来一根脏兮兮的鞋带……

要是在春夏之际，站在屋檐下抬头看，十有八九会看到在胡同里暂住的“租客”——燕子一族。它们可以在各种意想不到的地方筑巢：房檐下，路灯上，摄像头上，或者四合院的墙壁上。

这些跟人们一起生活在胡同里的小小邻居们，每日参与着人们的生活。在胡同里走上一圈，就如同在人们和大自然共处的朋友圈里刷了一遍，除了我们说到的，还能发现好多有趣的新鲜事儿呢。

树梢上的邻居

在胡同里溜达的时候，常能听见头顶传来悦耳的鸟鸣，抬头一看，这些在树梢上生活的“邻居”们，正在自由歌唱呢！它们都是北京地区最常见的鸟类。

麻雀 *Passer montanus*

麻雀是这座城市里最常见的小鸟。

观察时间：全年可见

观察要点：黑色的脸颊就像脸上蒙着黑布的神秘客

红隼

Falco tinnunculus

春夏时节，红隼会从南方赶来，在北京的高楼筑巢、育雏。

观察时间：3月至10月

雄鸟特征：头呈蓝灰色，背和翅上为砖红色的羽毛，带有三角形黑斑

雌鸟特征：通体棕红色，带有黑褐色纵纹和横斑

小嘴乌鸦 *Corvus corone*

杂食性的乌鸦，会以城市垃圾、动物尸体为食。

观察时间：全年可见

观察要点：喙细小，通体黑紫色。叫声是“呱呱”的

乌鸫 *Turdus mandarinus*

虽然也是一身漆黑，但歌声非常悦耳。

观察时间：全年可见

雄鸟特征：喙和眼圈为黄色，全身羽毛呈黑色

雌鸟特征：喙和羽毛为褐色

灰喜鹊 *Cyanopica cyanus*

灰喜鹊具有集群习性，喜食各种昆虫，是著名的益鸟之一。

观察时间：全年可见

观察要点：嘴和脚为黑色，背灰色，前额至后颈皆为黑色

喜鹊 *Pica pica*

喜鹊是非常聪明的鸟类。在北京，喜鹊几乎无处不在，是这座城市里最受欢迎的野生动物居民。

观察时间：全年可见

观察要点：背部及头部呈黑色且有蓝紫色光泽，腹部呈白色

白头鹎 *Pycnonotus sinensis*

白头鹎又名白头翁，是长江以南地区最为常见的城市鸟类之一。近些年因为笼养逃逸，还有种群扩散等原因，白头鹎成功定居北京。

观察时间：全年可见

观察要点：前额至头顶呈黑色，头顶至枕部呈白色

珠颈斑鸠 *Streptopelia chinensis*

斑鸠是一种大胆的鸟类，常常能见到它们三三两两地在草丛中边走边吃，全然不顾周围的行人。

观察时间：全年可见

观察要点：后颈为一片黑色，上面布满了如同珍珠般的白色斑点，极为醒目

家燕 *Hirundo rustica*

每年的3月至10月，都能看到家燕忙碌的身影。然而随着北京城市化的进程，可供家燕筑巢的地方越来越少。

观察时间：3月至10月

观察要点：翅膀狭长，尾部分叉，如同剪刀一般

麻雀的羽毛分区

科学家们为鸟类不同位置的羽毛分别取名，以便观察者记录和描述。想认识鸟类，需要先知道各种羽毛的名称。让我们以麻雀为例，开启自然观察之旅吧！

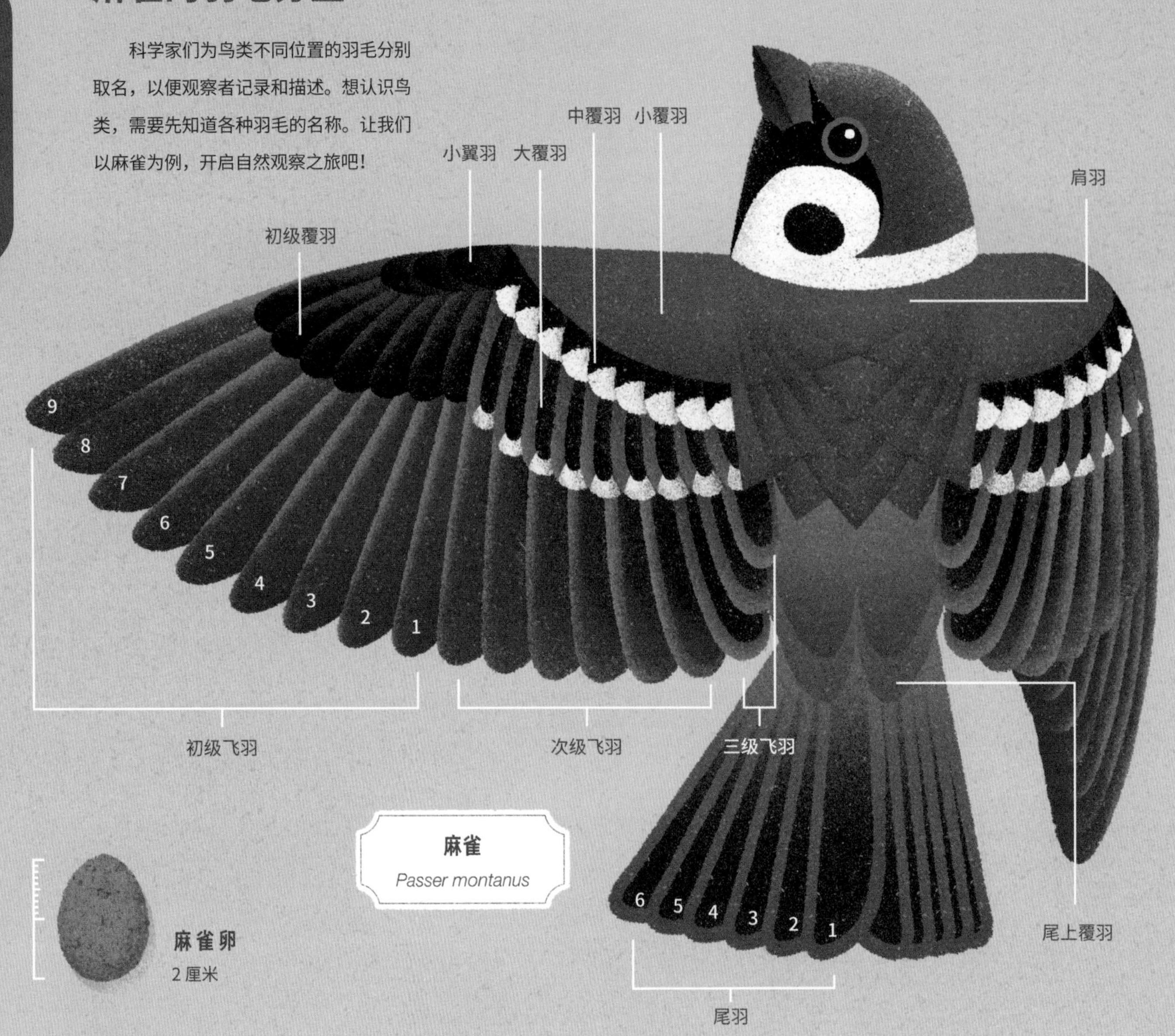

羽毛的功能

第一册 26 31 34 43 | 第二册 18 43 68 73 | 第三册 63

初级飞羽

初级飞羽着生在鸟类的“手部”（掌骨和指骨），数量通常为 9 ～ 12 枚。鸟类利用初级飞羽来控制方向。

次级飞羽

次级飞羽着生在鸟类“小臂”（尺骨），数量通常为 10 ～ 20 枚，不同鸟类的次级飞羽数目有所不同。次级飞羽排列成曲面，能够为鸟类提供飞行时的升力。

三级飞羽

三级飞羽位于羽翼的最内侧。有些鸟类的三级飞羽具有典型特征，例如鸳鸯背部如同帆一样的羽毛就是它的三级飞羽。

覆羽

覆羽是指位于鸟类翅膀和尾、背、腹面的羽毛。覆羽除了掩盖飞羽基部的作用外，还能使翅膀的表面呈流线型，减少飞行时的阻力。

尾羽

尾羽是鸟类飞行的舵，起着保持平衡和控制方向的作用。但并不是所有看起来像“尾巴”的羽毛都是尾羽。例如雄孔雀开屏的羽毛其实是生长在背部、特化而来的尾上覆羽。

麻雀家族

麻雀家族的成员们乍看起来外形都非常相似：鸟喙粗壮呈圆锥形，适于采食植物种子；羽毛多为棕灰色，夹杂着黑色和白色的杂斑，与杂草地的颜色非常相似，能起到很好的保护作用。在中国共有五种麻雀，它们分别是黑顶麻雀、家麻雀、黑胸麻雀、山麻雀和麻雀，其中麻雀、家麻雀和山麻雀在我们的身边比较常见。

有趣的是：在欧洲，家麻雀在居民的房屋中筑巢，因此得名家麻雀，而麻雀则在树上筑巢，其英文名翻译过来就是"树麻雀"；但是在中国，这种情况相反，麻雀常在房檐墙洞筑巢，家麻雀则在树上筑巢。北京城中，麻雀最为常见。

麻雀 *Passer montanus*

麻雀是中国分布最广、最容易见到的鸟类之一。

分　　布：广布于中国东部地区

活跃地点：遍布各大城市、乡镇，非常适应和人类共同生活

家麻雀 *Passer domesticus*

家麻雀在欧洲和美洲地区极为常见，分布之普遍相当于中国的麻雀。

分　　布：在中国仅分布于西部及东北地区

活跃地点：与麻雀近似，极好地适应了城市生活

山麻雀 *Passer rutilans*

山麻雀拥有栗红色背羽，喙部下方一小撮羽毛呈黑色，外表看起来比它的城市"亲戚"更加艳丽。

分　　布：中国西南山区及丘陵河谷

活跃地点：相比于麻雀和家麻雀，山麻雀更喜欢栖息在森林灌丛中，偶尔也会到城镇和农田活动觅食

麻雀的食谱

高度适应城市生活的麻雀是机会主义者，几乎什么都吃，不放过任何能获取食物的机会。谷粒、草籽、种子、果实等天然食物和饼干、面包碎屑等人工食物都在麻雀的食谱上。在冬季和早春，麻雀会采食各种杂草种子和野生禾本科植物的种子。在繁殖期，麻雀则会捕捉大量昆虫喂食给雏鸟。

在二十世纪五六十年代，人们认为麻雀采食谷粒会造成粮食减产，因此将其列入"四害"之一，并对麻雀进行全面捕杀。一年以后，全国各地陆续发生严重的植物虫灾，人们才意识到麻雀的重要性。

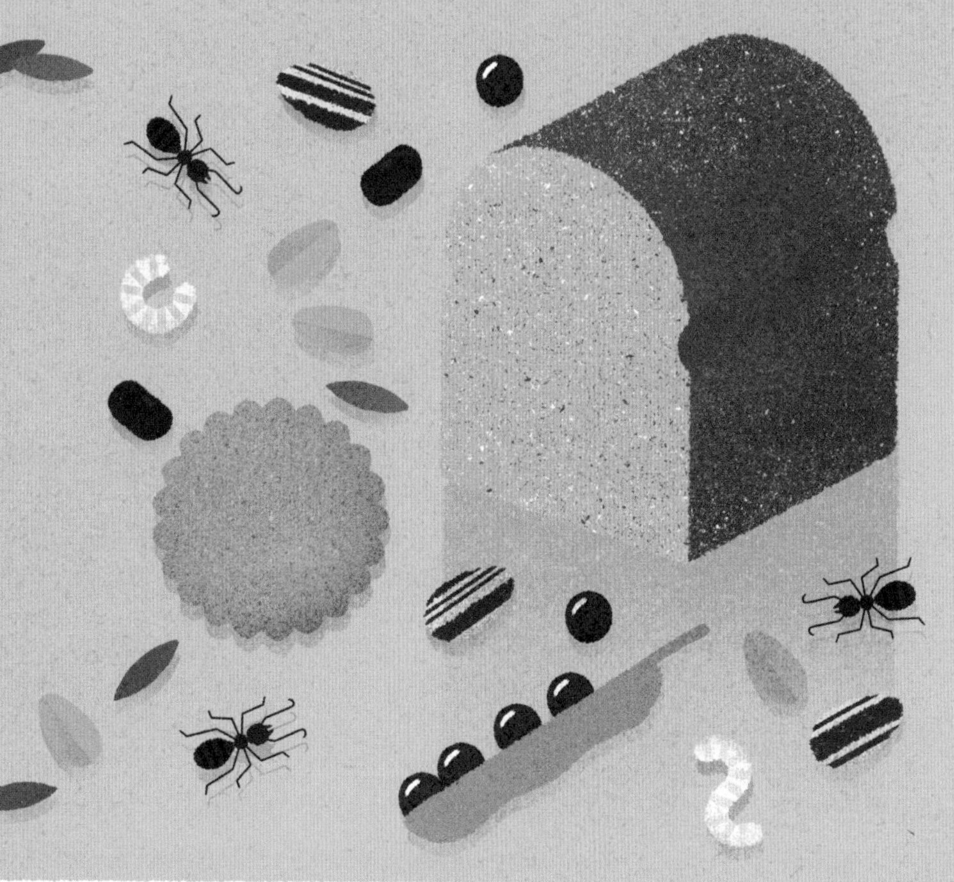

麻雀的行为密码

麻雀虽小，但它们的生活却丰富有趣。麻雀们整天叽叽喳喳，看似悠闲自在，但实际上它们每天都在为生计忙碌奔波。作为最容易被观察到的鸟类，麻雀是我们观察和学习鸟类行为的首选物种，让我们一起走进它的世界吧！

行进方式

麻雀是树栖型鸟类，双脚的结构适合抓握树枝。城市生活让它们更频繁地到地面上寻找食物。麻雀采用蹦跳的方式前进，而不会交替“走路”。

恐吓

食物有限时会引发激烈的抢夺。麻雀们打架大多以恐吓为主，很少有伤及生命的情况发生。

沙浴

沙浴是麻雀用来去除身上的寄生虫、放松身心的好方式。一片不大的沙地，往往能聚集几十只麻雀。

育雏

在雏鸟离巢前和离巢后的一段时间内，父母会极力抚养小麻雀。小麻雀会抖动双翅，张开嘴巴央求父母喂食。

求爱

每到交配季，麻雀们都会展开一轮轮激烈的抉择。雄麻雀会紧跟雌麻雀，抖动双翅，仰头尖叫，宣扬自己拥有强健的体魄和健康的羽毛。

献礼

只有拥有巢穴的雄鸟才能最终赢得异性的芳心。雄麻雀会衔着筑巢材料，向雌性宣告："我已经建好了舒服的小窝，要不要随我来看看呀。"

交配

只有相中了雄鸟的巢穴，雌麻雀才会接受它。此时它会接受雄鸟的"礼物"，并同意与之交配。可以说，麻雀是一种嫁给巢穴的鸟类。

喜鹊

乍看喜鹊全身黑白分明，宛如大熊猫一般，极易识别。实际上喜鹊也有着绚丽的色彩。在阳光下，喜鹊翅膀会呈现铜绿色、蓝紫色金属光泽。

千万不要被喜鹊的外表所迷惑。它们性格强悍，甚至有些霸道，会“打群架”。有不少人见过喜鹊追打进入其领地的猛禽。

与生活在京城的其他鸟类不一样，喜鹊筑巢的能力可谓数一数二，它到处寻觅筑巢材料，只为了能为自己建造出一个满意的“建筑作品”，这也是它作为一个“建筑师”的毕生“追求”。

喜鹊
Pica pica

喜鹊们的行进方式

喜鹊、灰喜鹊虽然同属于一科，但行动方式却不一样。喜鹊在地上走路时双脚交替前行，就像人类走路的方式。而灰喜鹊则是跳跃前进。相较于灰喜鹊，喜鹊的地栖习性更强，喜欢在地上翻找食物。行动方式折射出它们的种群在生态系统中占据的位置不同，这可能也是较少见到喜鹊和灰喜鹊之间冲突、打架的原因。

喜鹊的巢

在北京，三四月份是喜鹊筑巢的时期，常常能看到喜鹊衔着树枝飞行。高大的乔木是它们最喜欢的筑巢场所。在城市里，它们甚至会利用电线杆、烟囱等建筑物作为筑巢基地。

喜鹊是鸦科家族里的建筑高手。虽然鹊巢外面看起来是一团乱枝，但里面却结构精巧，内部的黏土层既防水又保温，垫上柔软的干草及羽毛，是雏鸟最舒适的家。整个鸟巢呈封闭的球状结构，只有一个入口连通内外，稳固又安全。

生活在城市里的喜鹊会因地制宜地利用人造材料，如用铁丝、衣架等加固巢穴，甚至还会“偷”来各种闪闪发亮的人造饰品装点自己的爱巢。因为这些习性，西方常称喜鹊为“窃贼”。

筑巢材料集锦

第一册 26 31 34 43
第二册 18 43 68 73
第三册 63

燕子在哪里

每年3月至10月，燕子在京城里安家。人们身边总有燕子的身影掠过，但却不知道它们住在哪里。你知道怎么根据鸟巢的形状辨别不同的燕子吗？让我们带着这些疑问来探寻吧！

金腰燕 *Cecropis daurica*

金腰燕在体型上比家燕稍大一些，飞行速度不及家燕迅速，更喜欢滑翔。

观察时间： 3月至10月

观察要点： 飞行时腰部可见一道栗黄色横斑，如同腰带一般。腹部布有黑色纵纹

家燕 *Hirundo rustica*

家燕可以说是人们最为熟知的一种鸟类了，自古就是“好运”“安乐”的代名词。家燕分布非常广，夏季在北半球繁殖，冬季则迁徙到东南亚、澳大利亚甚至是非洲地区。

观察时间： 3月至10月

观察要点： 喉部呈栗红色

家燕北方亚种 *Hirundo rustica tytleri*

千奇百怪的筑巢位置

北京城里的胡同和建筑是燕子们最为安逸的安身场所。除此之外，燕子们对巢的选址可谓是千奇百怪：它们在小区的路灯上，在监控摄像头的顶上，在各种能够筑巢的地方生活。

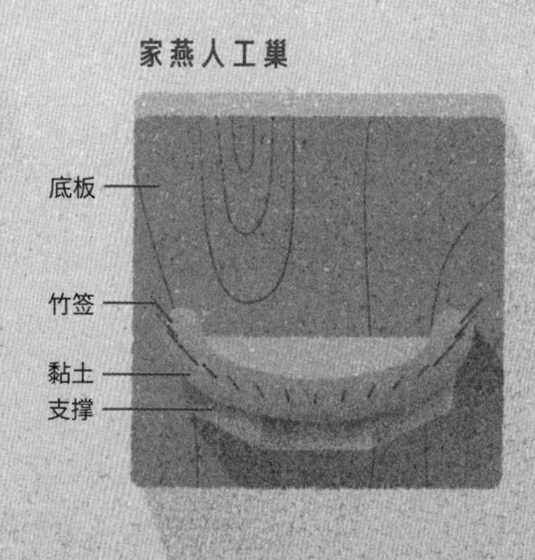

燕子的巢

家燕的巢

金腰燕的巢

鸟类羽毛

植物纤维

碗形

葫芦形

自古以来，民间便称金腰燕为“巧燕”，把家燕称之为“拙燕”。相对于家燕碗状的巢而言，金腰燕的巢更为“讲究”。它的巢就像半个葫芦一样，出入口处缩窄，仿佛多了一个玄关。

因为有限的筑巢空间，偶尔家燕和金腰燕也会为争夺巢址发生冲突。它们都会再利用往年的旧巢。把旧巢修修补补，直到自己满意为止。

一起来做人工鸟巢

第一册 26 31 34 43 | 第二册 18 43 68 73 | 第三册 63

城市的鸟儿多了，但适合鸟儿筑巢的老房子、大树却少了。如果没有合适的鸟巢，鸟儿的繁殖难免会受到影响。木板巢箱具有良好的招引效果，是最普遍的人工鸟巢。我们不妨来动手为鸟儿搭建一个家，让它们能在北京这座城市更好地安家。

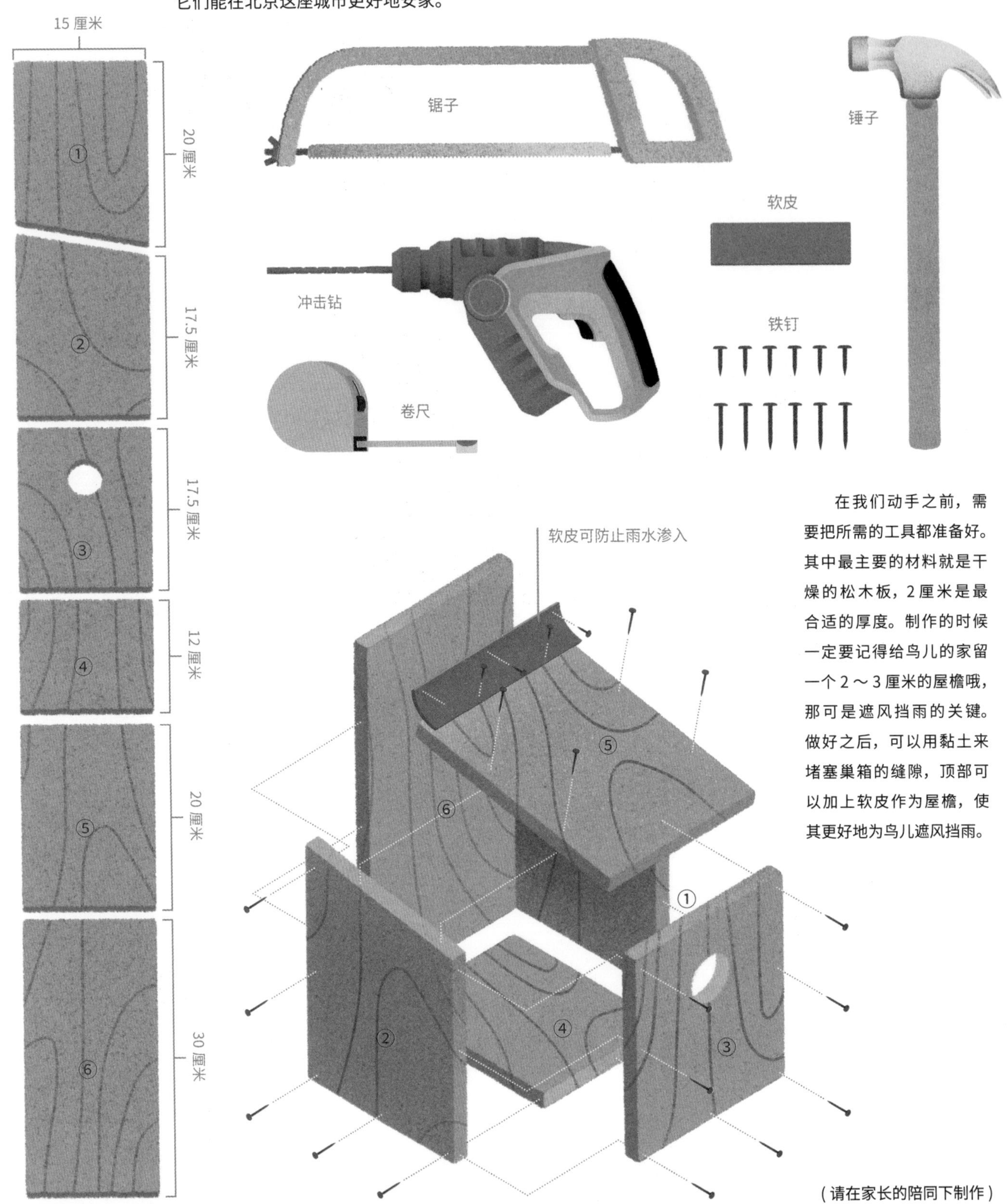

在我们动手之前，需要把所需的工具都准备好。其中最主要的材料就是干燥的松木板，2 厘米是最合适的厚度。制作的时候一定要记得给鸟儿的家留一个 2～3 厘米的屋檐哦，那可是遮风挡雨的关键。做好之后，可以用黏土来堵塞巢箱的缝隙，顶部可以加上软皮作为屋檐，使其更好地为鸟儿遮风挡雨。

（请在家长的陪同下制作）

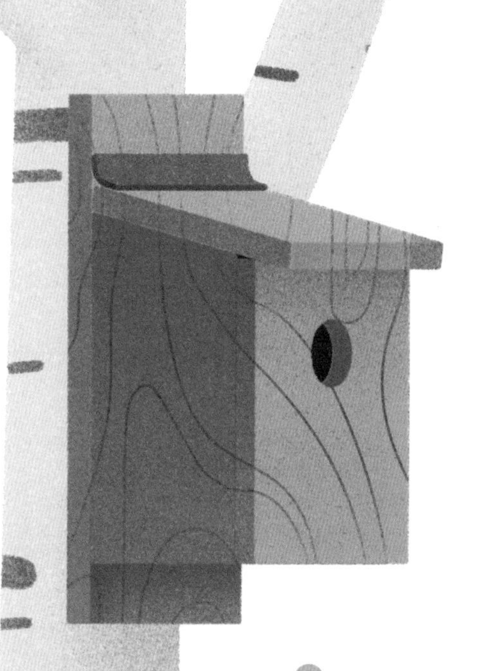

1月

2月

3月

4月

5月

6月

7月

8月

9月

10月

11月

12月

挂人工巢时间

鸟类繁育时间

不同的高度会吸引不同的鸟类前来。在悬挂人工巢时切记注意安全，高度过高时一定要专业人员操作。

人工巢悬挂时间

人工巢应该什么时候悬挂呢？由于许多鸟类在初春的时候就开始选址筑巢了，接下来是大量候鸟和留鸟的繁育阶段，所以人工巢的悬挂时间至少要比鸟儿筑巢的时间提前 1～2 个月，最迟也不能超过 3 月。

你能吸引到的鸟类

人工巢主要能吸引以树洞为家的鸟类。当巢箱的边长达到 15 厘米时，能够吸引大山雀、红尾鸲、灰椋鸟等。不同的入口会吸引到不同的鸟儿入住。对于大山雀来说，椭圆的洞形入口是它最喜欢的。

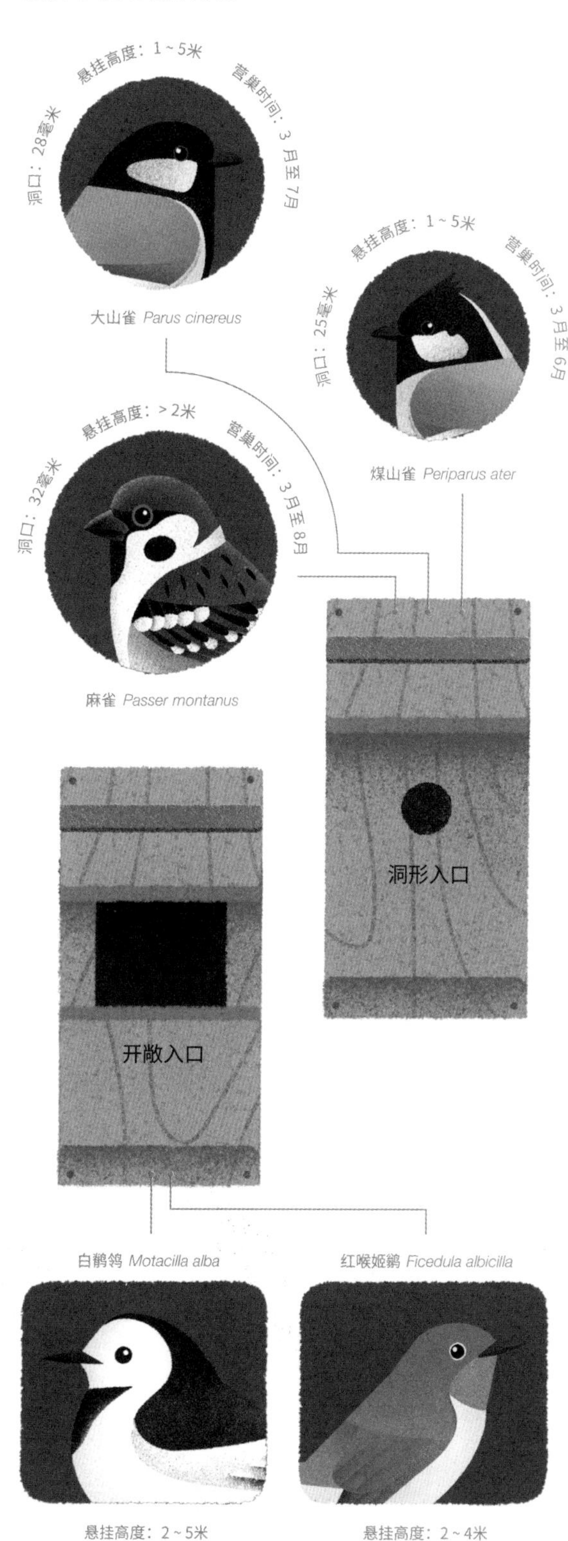

胡同里的流浪猫

几乎在每条胡同里都能看见流浪猫，它们大部分都是被主人遗弃的猫及它们的后代。论身世，原本大都该是陪伴主人的小乖乖。被遗弃后，它们为了生存，穿梭于大街小巷。猫是夜行性动物，一般在清晨和黄昏时分捕猎，但有时也在白天活动。

野猫社会

平日里，流浪猫经常单独行动，但在母猫发情的时候，一场争夺大战就开始了。如果在胡同里看到猫大量聚集，就说明公猫们在互相较量。不过与我们想象的不同，公猫并不经常动手打架，它们角逐胜负的方式更倾向于靠声音和体型去恐吓对方，直到气势弱下来的一方离去，这场较量方才结束。

配偶争夺战

交配时，公猫会像猫妈妈叼住不乖的小猫一样轻轻叼住母猫的后颈部，直到母猫发出“嗷”的一声宣告交配结束。这时候公猫最好尽快离开，不然就会受到母猫不留情面的驱逐。交配结束后，母猫会舒服地在地面不停打滚，尽情宣告自己的美好心情。

谁是它们的父亲？

和狮子一样，猫科动物在发情期内需要多次交配。只有争夺大战的胜利者才能和母猫交配，当然也会有一些机灵的公猫趁其他公猫进行战争的间隙偷偷与母猫发生亲密的关系。

当然，战役最终的胜利者发现之后，肯定会把这个偷偷占便宜的公猫赶走。所以，在这种情况下会出现一窝小猫有好几个父亲的情况。

城市杀手

在这座大都市里，大部分流浪猫始终处于饥饿状态。而这些饥饿的“杀手”无疑是很恐怖的。它们每天捕杀大量的鸟类、松鼠和蜥蜴等小动物。当然，捕食是猫的本能，哪怕饱食终日，猫也会出于“乐趣”而捕猎。

老北京的闲情逸趣

躲开车水马龙的喧嚣，走进胡同巷子里，老北京的悠然生活便藏在这里。行人三三两两，偶尔遇到一群人聚集在一起，声音不绝于耳。把头凑过去一看，嚯！有趣！这不是在斗蟋蟀吗？这斗蟋蟀的游戏流传到了现今，蟋蟀的擂台从陶罐换成了亚克力盒，却丝毫不减其韵味，反而让围观的人看得更加清晰，津津有味。

入秋，胡同里又能听到蝈蝈那不紧不慢的叫声，一声，又一声。愈发走近，声音愈发响亮。就在你不经意扭头的时候，便会发现那一声一声的响亮声音，正是从门框窗边挂着的草编笼子里面传出来的。秋冬时节，你还有机会听到那清脆响亮的鸣叫，不过那时声音就出自老爷子怀里揣着的蝈蝈葫芦了。

其实要说起这声音的盛宴，还得在胡同的清晨，那一个个精神抖擞的北京爷们儿，拎着鸟笼子，就出门遛弯儿去喽。养鸟可以说是老北京人最大的乐趣了。把鸟笼挂在树上，在树下喝茶、下棋，听着鸟儿叫，优哉游哉。

几十年前的老北京城里，总会有鱼贩挑着担子在胡同里挨家挨户叫卖着金鱼。那四合院里的小孩一听到，

优雅蝈螽
Gampsocleis gratiosa

便兴高采烈往外跑，瞧中喜欢的就买几条回家养着，这热闹场景又是别有一番趣味。

这提笼架鸟、斗蟋蟀养蝈蝈、金鱼叫卖，都是老北京城特有的趣味文化，而胡同则是老北京的一个缩影。让我们走进这胡同，去感受这胡同深巷里的闲情逸趣吧。

笼中鸟

老北京的养鸟热潮，可以追溯到清朝。在清朝繁盛期间，养鸟、遛鸟逐渐演变成贵族的象征。民国之后，养鸟爱好逐渐走向民间，成为许多老北京人闲暇时玩乐的方式。每逢庙会，都可以见到鸟笼云集的景象。平日里在官园、西直门、日坛及其他一些公园门口，都能看到卖鸟、遛鸟的人。

如今的北京，提笼架鸟的现象已不像以前那么盛行，但养鸟也成为这座城市非常有特色的民俗文化。然而，从自然的角度看，却是鸟儿被人们以牢笼的方式，拘禁在这座本不属于它的城市。了解是和谐相处的开始，人们在了解这种文化的同时，也开始从自然的角度去思考。

画眉 *Garrulax canorus*

笼衣

画眉性格胆小，喜好隐匿。养画眉的人们害怕其受到惊吓，于是在笼子外面披上一层笼衣，平时出外遛鸟途中将笼衣放下，完全覆盖笼子，直到到达安静的目的地时才将笼衣掀开。

八哥 *Acridotheres cristatellus*

红喉歌鸲 *Luscinia calliope*

歌鸟

歌鸟是人们对笼养鸟中擅长鸣叫的鸟类的统称。养鸟者以自己的鸟儿能够掌握多种婉转的叫声而自豪。被列入歌鸟范畴的鸟类有百灵、山雀、歌鸲等。

黄雀 *Carduelis spinus*

沼泽山雀 *Parus palustris*

蒙古百灵 *Melanocorypha mongolica*

凤凰台

蒙古百灵性格活泼好动。为了方便蒙古百灵上下跳跃和上“舞台”歌唱，人们在饲养蒙古百灵的笼子中央安装了一个高台，名曰凤凰台。

技鸟

技鸟是指那些能够学习和掌握技艺的鸟类。像鹦鹉、鸦科和雀科的鸟类都非常聪明，在人类的训练下能够掌握空中接物等各种的小技艺。其中以蜡嘴雀最为常见。

每年秋冬，蜡嘴雀们会从北向南迁徙。鸟市上的蜡嘴雀都是在这个时节被人们从野外捕获的。北京的蜡嘴雀有黑头蜡嘴雀和黑尾蜡嘴雀两种，只要稍加注意，就能够很轻易地识别它们。

花鸟市场上的“笼养鸟”有相当一部分并非人工繁殖，而是从野外抓来的。其中有一些其实就生活在我们的身边，而另一部分则来自南方。因为观赏鸟市场的需求和利益的驱使，它们被捕捉，背井离乡，成为了“笼中囚”，而更多的同伴则命丧运输的路途中。

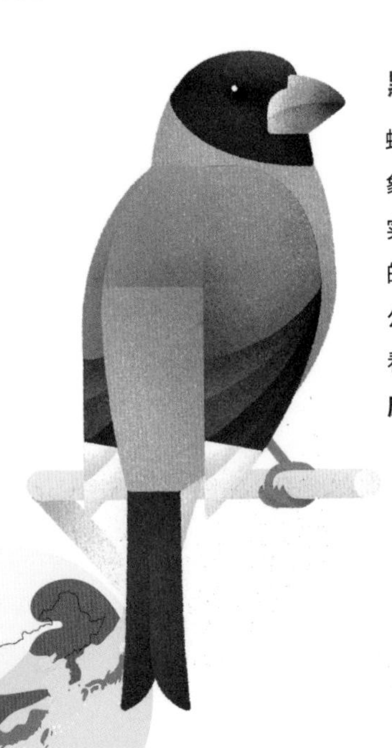

黑尾蜡嘴雀 *Eophona migratoria*

蜡嘴雀有着非常憨态可掬的形象，粗壮的喙部可以看出它以果实种子为食。每年的秋冬，迁徙的蜡嘴雀们会途经北京，在公园绿地都能很容易地看到它们的身影。

原产地： 在中国主要见于东部，东北和华北各省均可见

黄雀 *Carduelis spinus*

黄雀通体发黄绿色，头顶“黑色帽子”，嘴巴下方的黑毛颇像一撇小胡子。黄雀在中国东北部繁殖度过夏季，秋冬时节迁徙到纬度更低的地方过冬。

原产地： 在中国各地均有分布

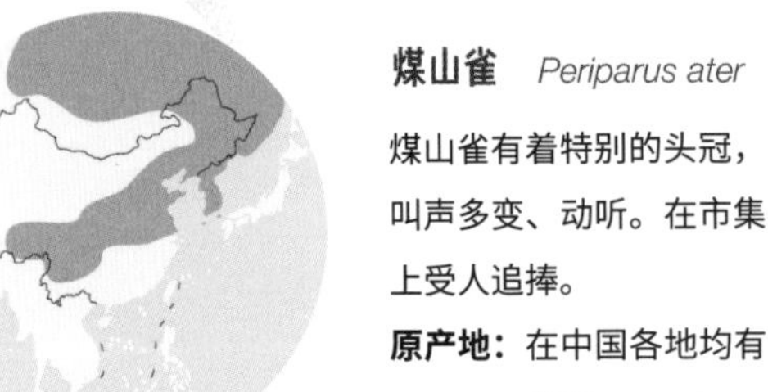

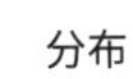

煤山雀 *Periparus ater*

煤山雀有着特别的头冠，叫声多变、动听。在市集上受人追捧。

原产地： 在中国各地均有分布

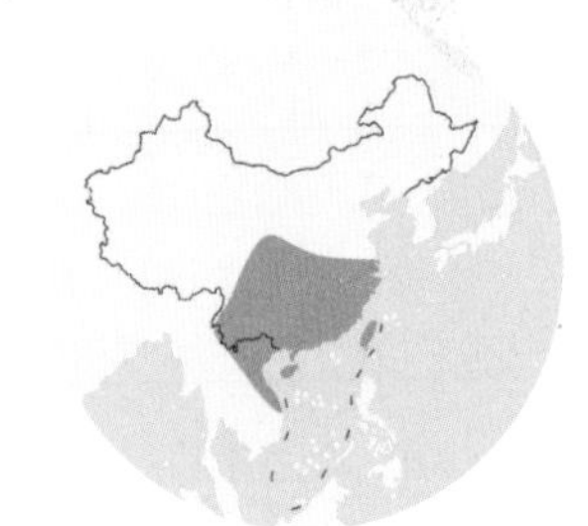

画眉 *Garrulax canorus*

画眉栖息于中国温暖的南部地区的丘陵灌丛中，以各种昆虫果实为食。

原产地： 在中国见于南方各地

太平鸟 *Bombycilla garrulus*

太平鸟喜好集群，在每年冬天都会来到北京过冬，以公园绿化带中的植物果实为食。栖息于针叶林或针阔叶混交林中。因其美丽的羽毛而成为鸟市上的售卖品。

原产地： 在中国见于东部，北起黑龙江、南至长江流域

红喉歌鸲 *Luscinia calliope*

红喉歌鸲是笼养鸟圈的大明星，不仅外表俊俏，更善鸣叫。每年迁徙路过北京时，都会有一大批红喉歌鸲被捕捉。

原产地：在中国除西藏外各地均有分布

教你看懂鸟类分布图例

图例类型

留鸟　夏候鸟

候鸟　冬候鸟

迷鸟　过境鸟

留　鸟：终年生活在同一个地方，不随季节变化而迁徙的鸟类，被称为留鸟。

候　鸟：随着季节变化而迁徙的鸟类被称为候鸟。

夏候鸟：夏季来到某地区生活，其他季节则迁飞走的鸟类，是该地区的夏候鸟。

冬候鸟：冬季来到某地区越冬，其他季节迁飞走的鸟类，是该地区的冬候鸟。

迷　鸟：本不该出现在某区域，因未知原因出现的鸟类，被称为迷鸟。

过境鸟：在迁徙季节途经某地的鸟类，被称为该地区的过境鸟。

黄颊山雀 *Parus spilonotus*

黄颊山雀栖息在中国南部山区的森林中。在北京的鸟市场也不难看到它们的踪影，可想而知它们被抓住，再千里迢迢运送到北京，一路经历了多少可怕的事情。

原产地：在中国见于西藏、云南以及华南地区

第一册　26　31　34　43

第二册　18　43　68　73

第三册　63

八哥 *Acridotheres cristatellus*

八哥是很受欢迎的笼养鸟，被圈养的历史也很悠久。原本栖息在南方地区的八哥，近些年因为笼养逃逸，有一小部分已经在北京栖息下来，成为“京户”居民。

原产地：在中国见于南方各地

蒙古百灵 *Melanocorypha mongolica*

蒙古百灵以悠扬的鸣叫而著称，也因此成了市场上受人追捧的对象。过度的捕捉使其数量大大减少，虽然在《IUCN濒危物种红色名录》中还被列为无危(LC)，但《中国脊椎动物红色名录》评估其中国种群的状态为易危（VU）。

原产地：在中国见于东北部与蒙古和俄罗斯南部的相邻地区

虫趣

说到北京人玩虫的乐趣，那可是无穷无尽的。从古至今，这已经是北京传统文化的一部分了，由此也衍生出很多玩虫的器具。譬如以前老北京人都好用葫芦装着蝈蝈，将它揣入怀中，就算在冬天也能听到悦耳的虫鸣声，这装着蝈蝈的葫芦就是以前的“随身听”。除此以外，还有各式各样的装蝈蝈、蟋蟀的随身小罐子。这拿出来一瞅，真是五花八门，应有尽有。

蝈蝈葫芦

蝈蝈葫芦最受人们欢迎。做工也非常考究。高端些的壶盖会用玉石，葫芦身以浮雕装点。

捕虫网

这种特殊造型的昆虫网是专门为捕捉蟋蟀而发明的。蟋蟀是地栖昆虫，垂直的网兜能够轻易地罩住蹦跳的蟋蟀。

竹编蝈蝈笼

市场上出售的蝈蝈都是用竹编笼装着。

亚克力蝈蝈罐

亚克力（有机玻璃）的发明，无疑为饲养和观赏蝈蝈提供了更多方便。

金属蟋蟀罐

扁扁的金属罐非常适合放在口袋中，外出携带蟋蟀都装在这样的金属罐中。

蟋蟀陶罐

陶罐透气保湿，不管是过去还是如今，都是饲养蟋蟀的首选。

鸣蝉

蝉鸣总是和夏日紧紧联系在一起。只要喧闹的蝉声响起，就意味着夏天真的到来了。只有雄蝉才会发出声音。雄蝉的发声器位于腹部下方，形似一对半圆形盖板，被称作“鼓膜”。雄蝉通过收缩肌肉，使得鼓膜振动发声。如果说“养蝈蝈”带有些“贵族色彩”，那“戏知了”则是地地道道的民间娱乐了。粘知了，从前是夏天必不可少的娱乐活动。男孩子们拿着长长的竹竿，在竿子尽头捆着胶水粘知了，眼神好的人一粘一个准。

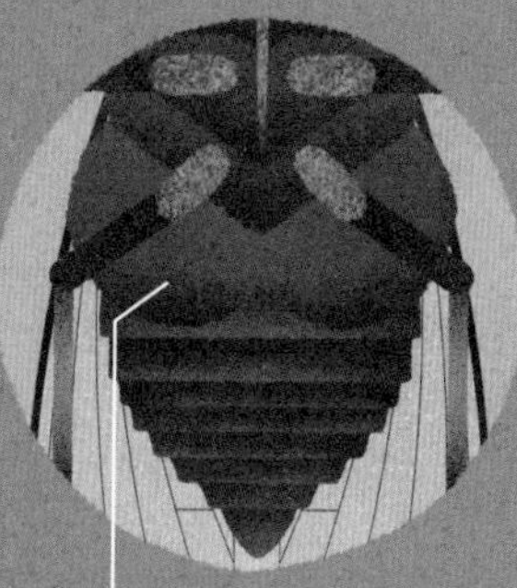
鸣鸣蝉的腹部发声器

5月

蟪蛄
Platypleura kaempferi

蟪蛄的叫声不如黑蚱蝉等大型蝉那么响亮。蟪蛄喜欢在偏远靠山的地方栖息，隐藏在树干上。

观察时间： 5～8月

习性特征： 一身斑驳的花纹和娇小的个头使它们很难被发现。具趋光性

蒙古寒蝉
Meimuna mongolica

蒙古寒蝉在北京也叫“伏天儿”。它们的叫声似乎在提醒人们最闷热的三伏天到了。

观察时间： 7～8月

习性特征： 喜欢栖息在树木4～5米高处，复眼发达，行动迅速

6月

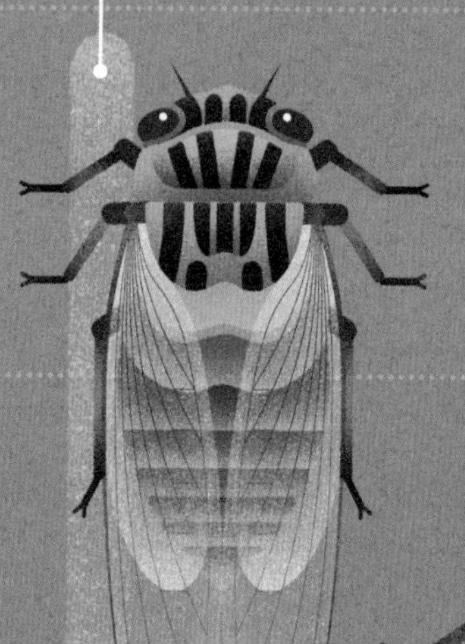

7月

8月

9月

黑蚱蝉
Cryptotympana atrata

黑蚱蝉又名知了。盛夏时节，在北京的行道树上、胡同里、住宅区内传来黑蚱蝉一声声清脆而响亮的鸣叫。

观察时间： 6～8月

习性特征： 以若虫在土壤或者寄住在枝干内越冬，成熟后在雨后钻出地面，爬到树枝上蜕皮羽化为成虫

鸣鸣蝉
Oncotumpana maculicollis

由夏天转入秋天，鸣鸣蝉“乌英乌英”的鸣叫，与萧瑟的秋天相互映衬，显得有些哀切。

观察时间： 8～9月

习性特征： 成虫白天活动，雄虫整天鸣叫不止，吸引雌虫前来交配

10月

11月

斗蟋

养斗蟋蟀的习俗由来已久，据传是从唐玄宗时期开始萌发的。这种由民间兴起的农闲活动非常流行，下至百姓，上至帝王，都曾为此着迷，而到了明清时期最为鼎盛。以前北京的宣武门、牛街都是蟋蟀玩家聚集的打擂圣地。

迷卡斗蟋 *Velarifictorus micado*

迷卡斗蟋是最常被用来斗蟋蟀的物种之一。

观察要点：通体呈黑褐色，头大且顶部宽圆

习性特征：居住在土堆、墙隙中，以植物的茎、叶、种实和根部为食

黄脸油葫芦 *Teleogryllus emma*

黄脸油葫芦体型比迷卡斗蟋略大，雄虫也有争斗习性。

观察要点：头部有黄色花纹

习性特征：常常栖息于地表杂草、砖石间，喜欢夜间活动

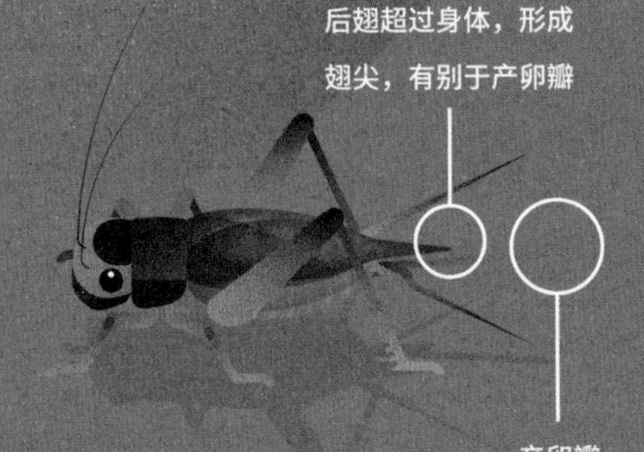

安能辨我是雄雌？

只有雄蟋蟀能鸣擅斗，雌雄蟋蟀最显著的区别就在于尾部是否有产卵瓣。

除了尾部的长尾丝，雌蟋蟀还有一根呈圆柱状的产卵瓣。简易的方法便是通过尾丝的数量来判别：两根的是雄性，三根的是雌性。但有些个体也有例外。有些品种的蟋蟀后翅会形成翅尖，酷似产卵瓣，不仔细观察极易混淆。

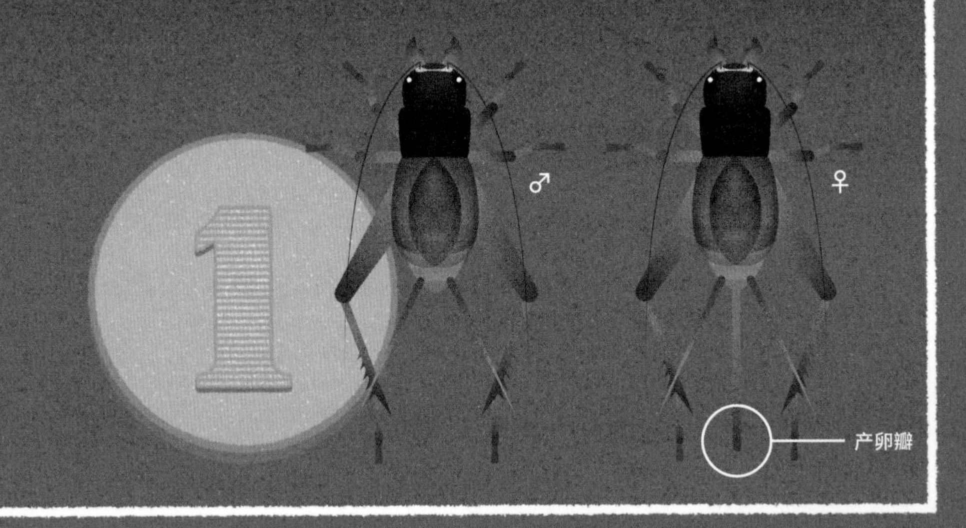

蝈蝈

蝈蝈与蟋蟀、蝉类号称中国三大鸣虫，因为其体型最大、色彩变化最多、存活时间最久而备受喜爱。蝈蝈声音洪亮，作为观赏昆虫已经有很悠久的历史了。但是，蝈蝈响亮的鸣叫声音，可不是从它口中发出的。这其中的秘密，让我们来一探究竟吧。

发声器

雄性蝈蝈和蟋蟀均通过摩擦双翅来发声。在这两对翅上生长着类似锉刀一般的结构，当两对翅上的“音锉”相互摩擦时，引起空气振动，就能发声鸣叫，再由翅膀上的发音镜把声音放大。

优雅蝈螽

Gampsocleis gratiosa

我们常说的蝈蝈，大部分是优雅蝈螽这种昆虫。市场上贩卖的多为人工培育，有浅色的山青、深色的铁皮等多个品种。

观察要点： 翅短，身形较大，体色有翠绿色、褐绿色和褐灰色等

习性特征： 叫声响亮、清脆，行动敏捷且凶猛

昆虫的发声机制

鸣叫是昆虫间交流的主要方式之一，此起彼伏的鸣叫声代表着不同的含义，传递着丰富的信息，影响着昆虫的生活。不同的鸣虫利用不同的发声机制发出响亮的声响。

蝉： 利用鼓膜的收缩与松弛振动发声。

飞蛾： 利用吸入气流使内唇振动发声。

蝈蝈与蝗虫： 通过摩擦身体器官发出声响。蝈蝈通过翅膀振动相互摩擦发声，而蝗虫的翅和足分别特化出音锉和刮器，相互摩擦发出声响。

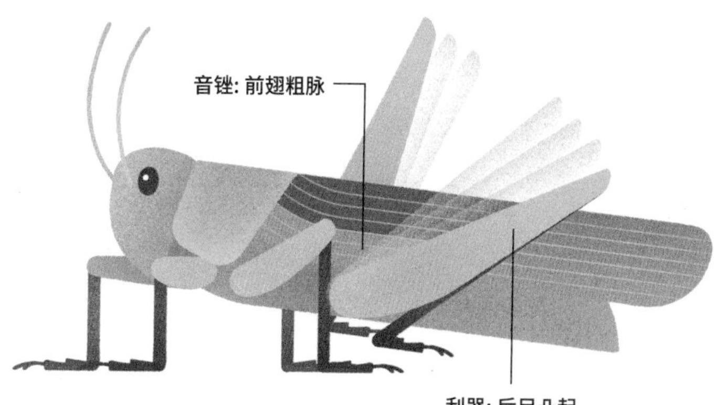

第一册 21 47 — 第二册 28 34 56

金鱼市场

金鱼曾长期作为中国特有的观赏鱼被养在皇宫和官宦世家。随着时间的推移，金鱼慢慢“游入”寻常百姓家。

在过去的官园花鸟鱼虫市场和十里河花鸟鱼虫市场里，售卖金鱼的摊贩非常有意思，一袋袋充满水和氧气的塑料袋悬挂在架子上，袋子里漫游着绚丽的金鱼。在阳光照射下，波光水影和片片锦鳞组成了一幅动感别致的画面，让人忍不住想把这美丽的景色带回家。

现在这种售卖方式虽然已经很少见了，但是有兴趣的人们还是可以去十里河花鸟鱼虫市场和新官园花鸟鱼虫市场探寻一番，说不定还能看到这种有意思的景象。

胡同里的吆喝声

几十年以前，老北京的胡同总是热闹非凡，声声吆喝，此起彼伏，卖西瓜、卖瓜子、卖糕点声不绝于耳。吆喝卖金鱼的小贩也会在胡同里走动，他们挑着担子，走街串巷，吆喝着卖金鱼。担子的一头是只大木盆，木盆里五颜六色的金鱼游来游去，担子另一头的木盆里装着的是金鱼饲料和治疗鱼类疾病的鱼药，有的木盆里还放着几只盛金鱼用的小玻璃缸。

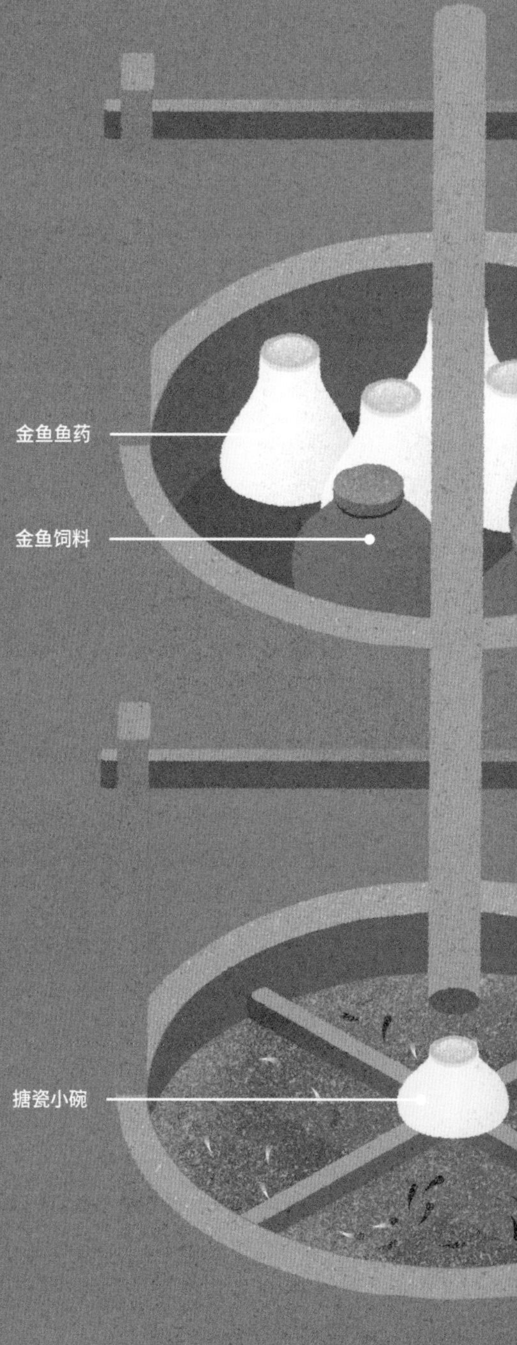

金鱼身体结构

金鱼
Carassius auratus Linnaeus

背鳍
鱼鳞
眼睛
肉茸
尾鳍
臀鳍
腮
胸鳍
腹鳍

头部
躯干部
尾部

鱼类的形态

为了应对不同的生境，不同的鱼类演化出了不同的身体构造。鱼类常见的体形有四种。

纺锤型：呈流线型，适于快速游动，是鱼类最常见的体形。

侧扁型：身型上下两侧对称的形态。适合在水体中层或下层等水流缓和区域寻觅食物。

棍棒型：体形呈现长条状的形态。适合在泥沙质穴居，敏捷地穿梭在水底。

平扁型：为了适应底栖生活，使体形呈上下扁平的形态。

如鲨鱼、鲫鱼等

如鲳鱼、蝴蝶鱼等

如黄鳝、鳗鱼等

如鳐鱼等

金鱼家族

作为观赏鱼的金鱼起源于中国，有1000多年的培育历史。它们的祖先是野生鲫鱼，人们通过杂交和选育，培养出现在多姿多彩、样式各异的金鱼品种。

草种鱼

鲫鱼经过人工饲养和选育，尾鳍及颜色发生巨大的变异，成为更具观赏价值的鱼类。尾鳍发生变异的金鱼也叫草种鱼，草种鱼是饲养年代最久远的金鱼品种。

品种特征： 体长，是与鲫鱼体形最为接近的金鱼品种。头部、眼部、体形均没有变化，仅尾鳍发生变化，保留有背鳍

蛋种鱼

在漫长的人工培育过程中，出现了体态圆润、无背鳍的光背金鱼，像一颗鸭蛋一般，这类金鱼也叫蛋种鱼。

品种特征： 体短而圆，无背鳍

文种鱼

文种鱼的培育历史悠久，有着极多品系。头部隆起的高头品系便是其中的代表。

品种特征： 体短而圆，眼睛小，尾巴大，保留有背鳍

龙种鱼

凸眼金鱼是金鱼家族的代表品种，因为眼睛似中国神话中龙的眼睛而被称为龙种鱼。

品种特征： 凸出的眼球是它们最显著的特征。背部有背鳍

老北京的养鱼文化

老北京四合院中的生活总是离不开自然的陪伴，院里常见的是海棠、桂花、石榴、迎春和紫藤等，树下的瓦缸满是浮萍和青藻，金鱼悠然其中。随着时代变化，养金鱼的器皿更新换代，然而不变的是人们对金鱼养殖的喜爱。

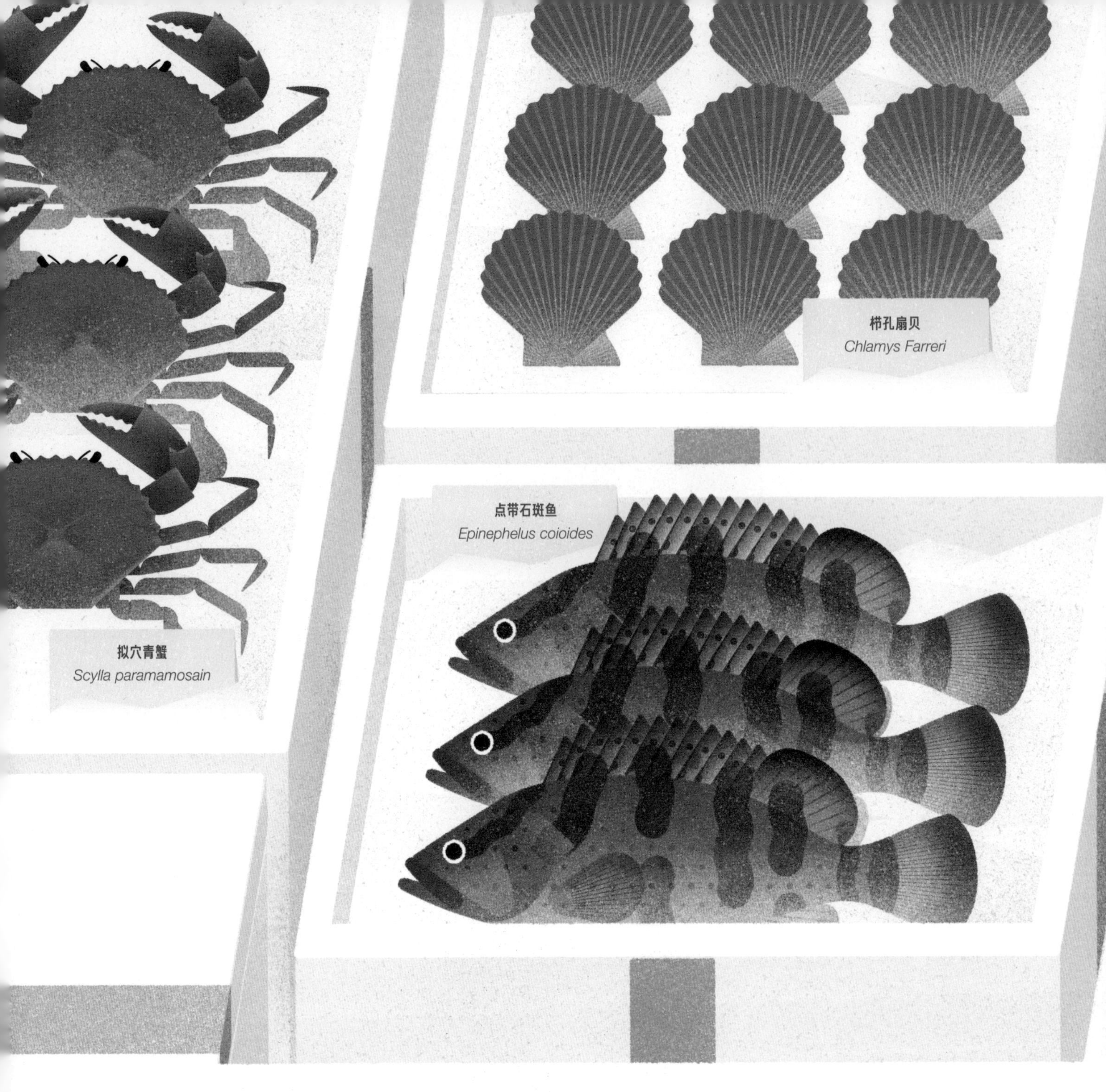

超市水产大盘点

超市就像一个水产展厅，各地的各式各样的鱼类、虾类、蟹类、贝壳类或游在水槽里，或摆在冰块上。人们在超市里挑选商品主要是为了一个永恒的主题：吃。但是，如果我们换一个视角来看，这样在超市中探索，也是一次新奇有趣的学习探索。近距离观察这些水产，它们的特征一览无遗。有绚丽的表皮，有坚硬的盔甲，有善于攻击的武器，也有如同珠宝般的外壳。在这里，它们的身份都是相同的，是人们的食物。

没有人知道谁是第一个吃螃蟹的人，那么，又有谁知道哪种螃蟹是中国记载的有史以来最早被吃的呢？

人们对簋街的小龙虾垂涎三尺，那小

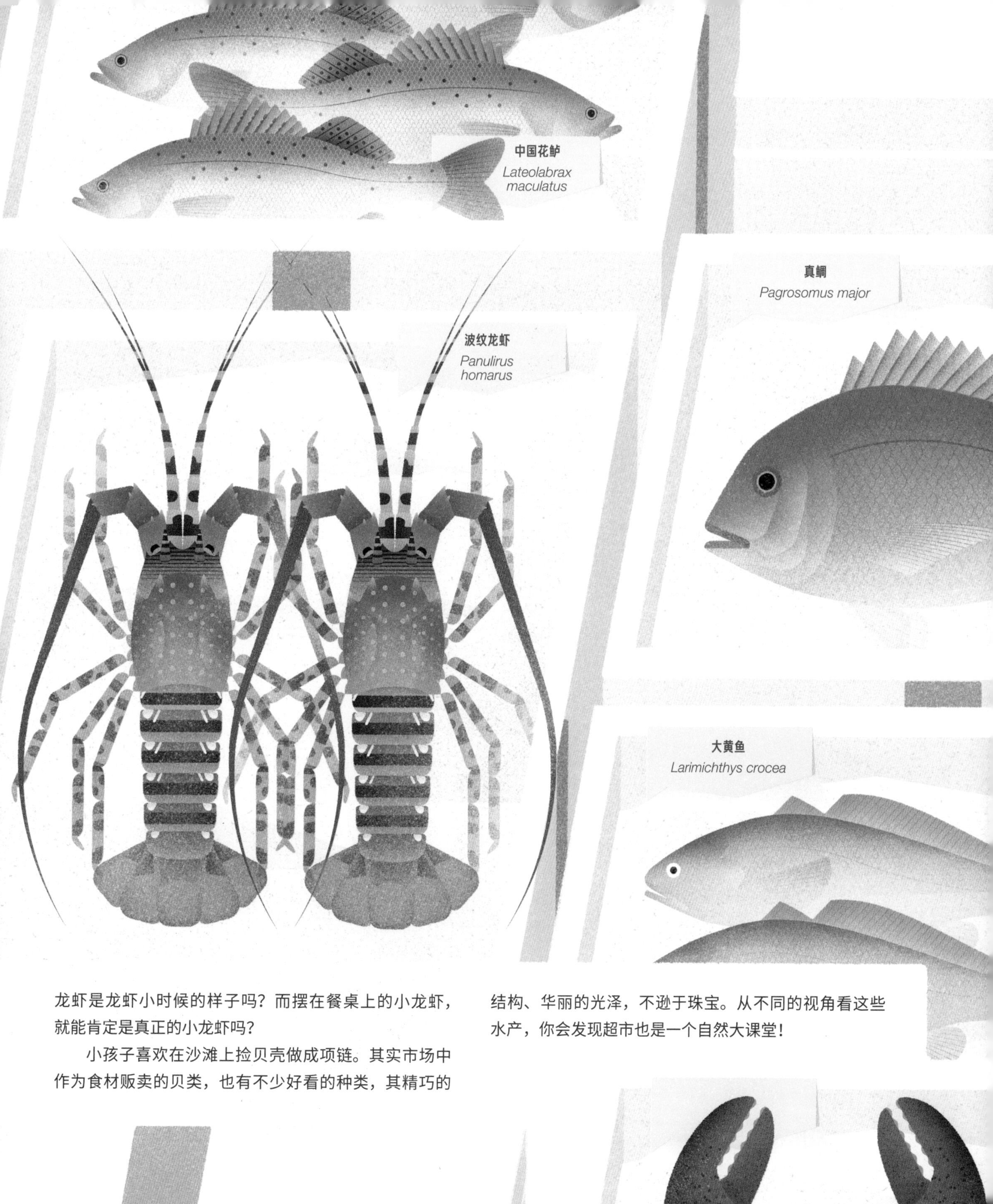

龙虾是龙虾小时候的样子吗？而摆在餐桌上的小龙虾，就能肯定是真正的小龙虾吗？

小孩子喜欢在沙滩上捡贝壳做成项链。其实市场中作为食材贩卖的贝类，也有不少好看的种类，其精巧的结构、华丽的光泽，不逊于珠宝。从不同的视角看这些水产，你会发现超市也是一个自然大课堂！

五湖四海的鱼类

来认识一下超市常见的鱼吧。

点带石斑鱼 *Epinephelus coioides*

石斑鱼是名贵的海产鱼类。市场上绝大多数石斑鱼是野生捕捉得来的，其中多个品种已濒临灭绝。

原产地： 印度至西太平洋海域的沿岸礁区

银鲳 *Pampus argenteus*

银鲳喜欢成群结队地行动，其游泳速度缓慢，嘴巴小，常被抓拍到它们在大海里摄食浮游生物。

原产地： 印度洋和西太平洋

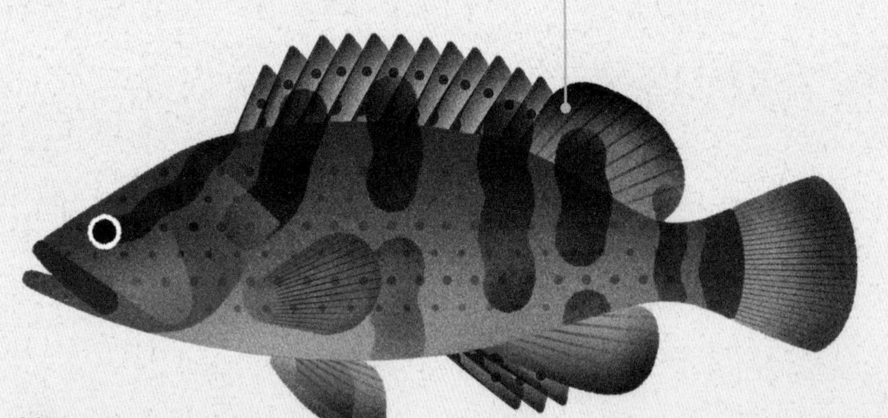

真鲷 *Pagrosomus major*

在中国，鱼素来有吉祥喜庆的寓意，而真鲷身体被红色覆盖，泛着淡金色的色泽，还有像宝石一般的蓝色斑点点缀，其美丽的外表一下子提升了它的地位，在喜庆的宴席上经常有它的身影。

俗　名： 加吉鱼

原产地： 印度洋和太平洋西部、中国近海

中国花鲈 *Lateolabrax maculatus*

中国花鲈背部有明显的黑色斑点，性情凶猛。

俗　名： 七星鲈

原产地： 太平洋西部和中国沿海地区

大黄鱼 *Larimichthys crocea*

大黄鱼和小黄鱼长相近似，却不是同一物种，分布海域也有所不同。大黄鱼所属的石首鱼科成员都能发出叫声。在交配季节，大黄鱼们群聚在一起，通过收缩鱼鳔发出“嘎嘎”的声响，叫声明亮，热闹非凡。

原产地： 中国南海、东海和黄海南部

大菱鲆 *Scophthalmus maximus*

大菱鲆身体扁平，栖息在海底，眼睛也在演化的过程中渐渐偏移到身体一侧，这些结构使得大菱鲆能够贴着海底活动，以躲避天敌和伏击猎物。

俗　名： 多宝鱼、比目鱼

原产地： 北大西洋

乌鳢（lǐ） *Ophiocephalus argus*

乌鳢性情极其凶猛。它们经常藏匿在浑浊的水体或者水草茂盛的地方，袭击其他小鱼小虾。黑鱼有极强的环境适应能力和跳跃能力。

俗　名：黑鱼

原产地：中国长江以北至黑龙江水域

尼罗罗非鱼 *Oreochromis niloticus*

罗非鱼有着强烈的领地意识和良好的适应能力，被引入中国后已广泛养殖。

原产地：非洲坦噶尼喀湖

翘嘴鳜 *Siniperca chuatsi*

它是善于隐蔽在洞穴里或水草根部茂盛地带的“猎手”，等到其他鱼类游过时，它们就会突然蹿出，用尖利的牙齿咬住猎物。

俗　名：桂花鱼

原产地：中国淡水水域

草鱼 *Ctenopharyngodon idellus*

草鱼食性广泛而且贪吃，它们生长迅速、体型大、数量多，是最负盛名的淡水经济鱼类，是中国特有的鱼类品种。

原产地：中国、俄罗斯和保加利亚淡水水域

鳙（yōng）鱼 *Aristichthys nobilis*

鳙鱼的头部宽而厚，占了身体的三分之一，也被称作胖头鱼，是剁椒鱼头等经典菜式的主要食材。

原产地：中国淡水水域

甲壳勇士

我们在超市能够经常见到五六种甲壳类的成员：海蟹、河蟹、虾等。你对它们了解多少呢？

螃蟹是甲壳类动物，在分类学上属于节肢动物门，与蜘蛛、昆虫同属一门。它身披坚硬的甲壳，靠鳃呼吸，通过蜕壳使自己长大，绝大部分种类生活在湖泊或者近海区域中。成年大闸蟹一生要蜕壳 18 次呢！

螃蟹身体结构

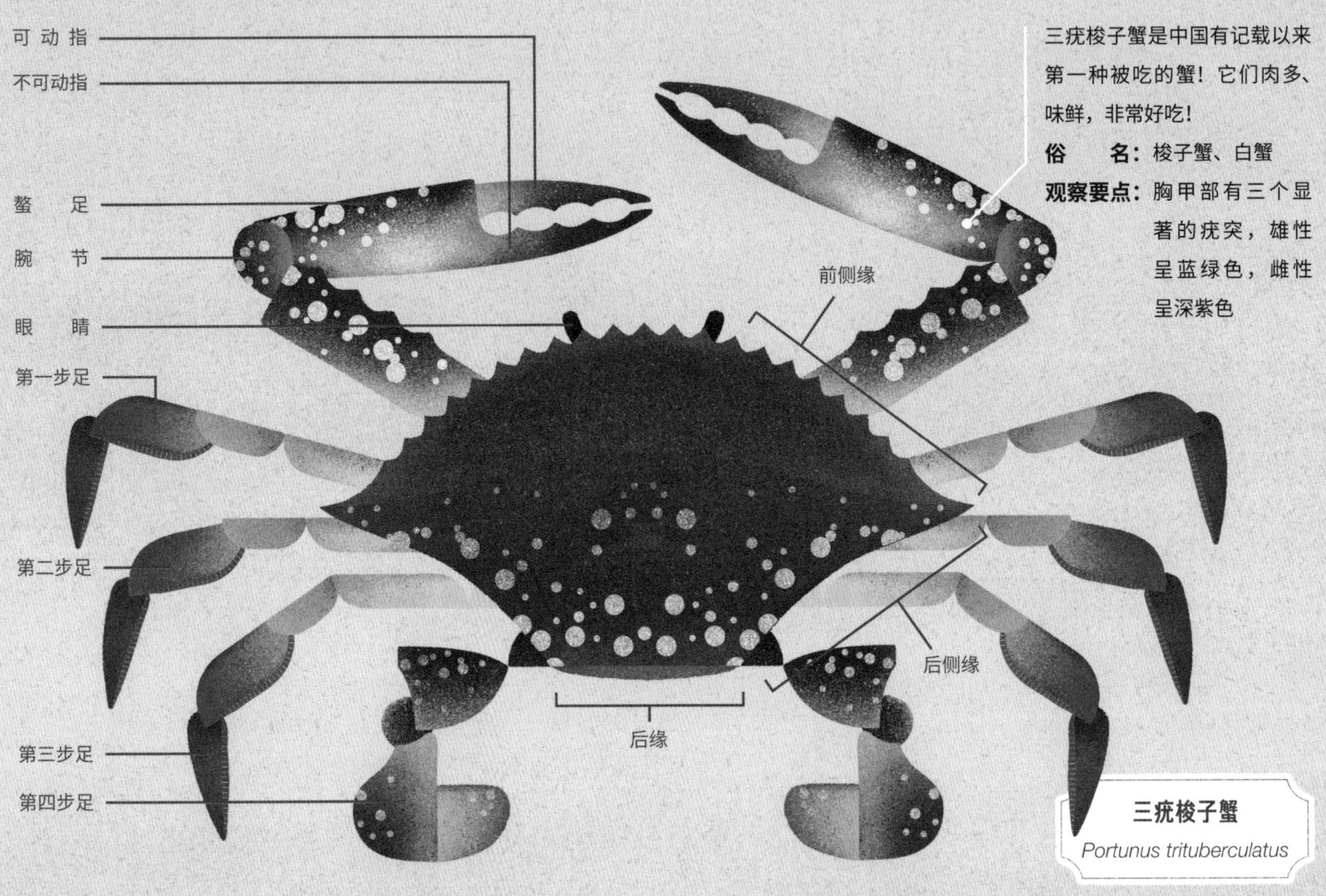

三疣梭子蟹是中国有记载以来第一种被吃的蟹！它们肉多、味鲜，非常好吃！

俗　　名： 梭子蟹、白蟹

观察要点： 胸甲部有三个显著的疣突，雄性呈蓝绿色，雌性呈深紫色

辨别雌雄

北京市场上常见的几种螃蟹，可以靠观察腹部的“脐”来分辨雌雄。“脐”其实是螃蟹的尾巴。螃蟹长大后，尾巴扣回腹部，被叫作蟹脐。雌蟹的脐形状宽圆，称为“团脐”或“圆脐”；雄蟹的脐形状细长，称为“尖脐”。

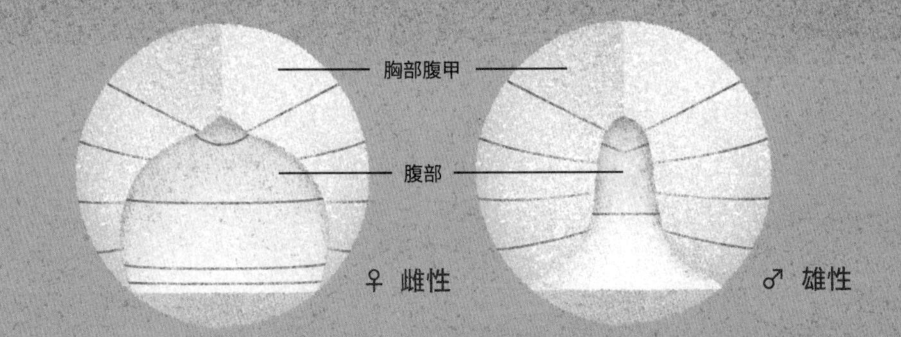

中华绒螯蟹就是大名鼎鼎的大闸蟹。大闸蟹名字的由来说法众多，有一种说法是江浙一带渔民捕捉螃蟹时用的蟹簖，就是竹闸。以竹闸捕得的蟹，而得名大闸蟹。

俗　　名： 河蟹、毛蟹、大闸蟹

观察要点： 青背白肚，蟹螯长满绒毛

拟穴青蟹
Scylla paramamosain

拟穴青蟹是蟹中的“斗士”，性情凶猛，食物不足的时候甚至会自相残杀。它们生活在海岸河口的泥沼中，善于挖掘巢穴。青蟹壳厚、肉多，是蟹中上品。

俗　　名： 膏蟹（雌）、肉蟹（雄）

观察要点： 背甲偏横椭圆形，两侧略尖，通体深青色

普通黄道蟹
Cancer pagurus

普通黄道蟹大部分产自英国。黄道蟹栖息在海底，以软体动物和其他甲壳类为食。巨大的螯足使它们能够轻松捕捉猎物。

俗　　名： 英国面包蟹

观察要点： 身躯庞大，移动缓慢，拥有强壮的蟹螯，钳指及掌指都是黑色

蟹足解密

除了蟹螯，其余的四对附肢即步足，就是螃蟹的脚，螃蟹就是依靠这四对步足行动。大闸蟹生活在湖泊底部，在河床上爬行觅食。而梭子蟹的最后一对足则演化成桨状，擅长游泳。哪怕都生活在水里，会游泳的蟹也并不多，梭子蟹就是其中的佼佼者。这些不同的形态反映出它们不同的生活和行为方式。

梭子蟹第四步足　　拟穴青蟹第四步足　　大闸蟹第四步足

餐桌上的“网红”

小龙虾的身体结构

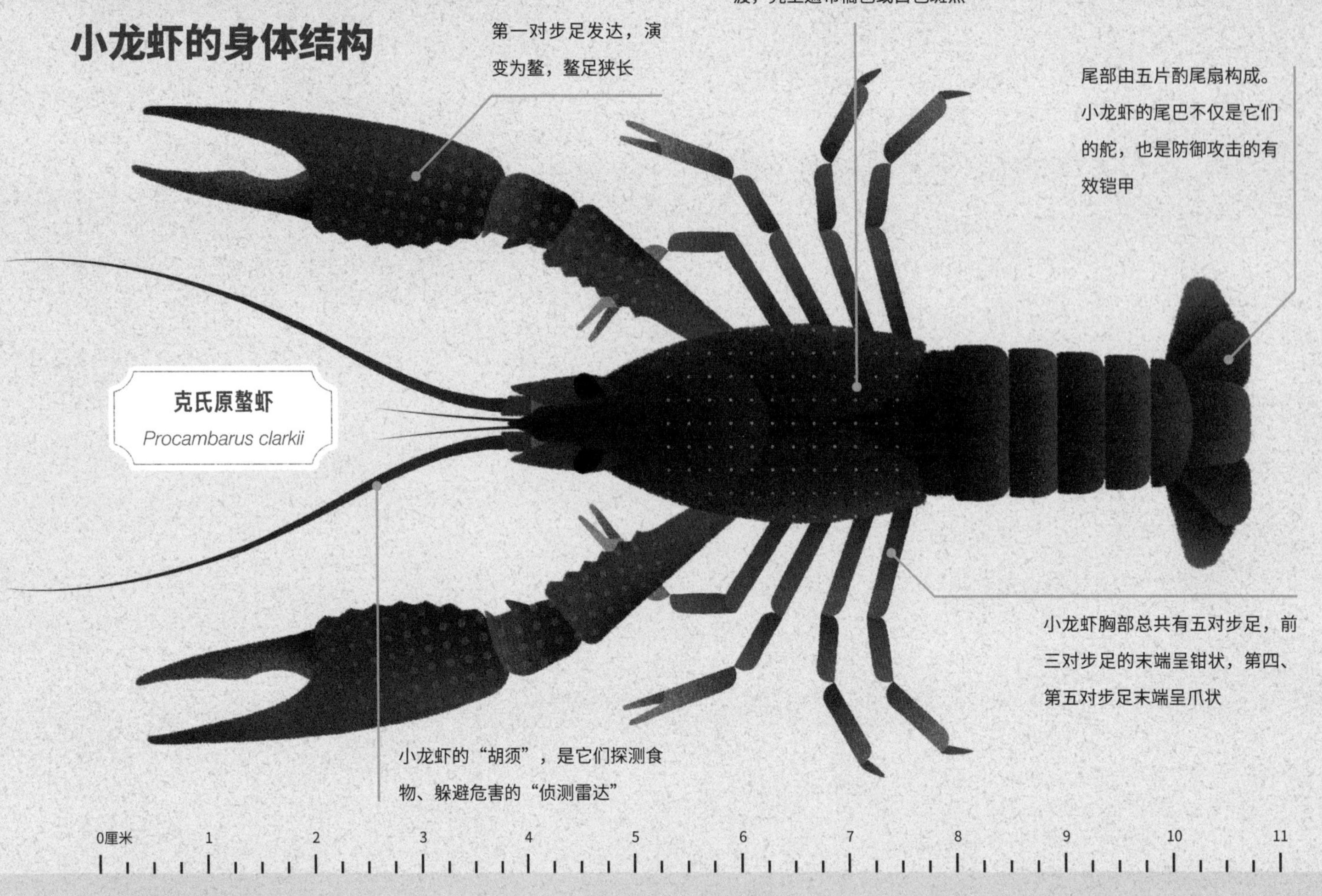

小龙虾的蜕壳

小龙虾的壳不会随着身体长大，所以每隔一段时间都要蜕一次壳，一生要蜕十次以上。

①蜕壳前，小龙虾要保证自己的营养，为蜕壳积攒能量。

②准备蜕壳时，它就停止进食，外壳逐渐变薄、变软，逐渐与内皮质层分离。

③正式开始蜕壳，小龙虾会侧卧在水底，先从“头甲”和一对大钳子开始，逐渐脱掉旧壳。

④蜕掉上半身的壳后，下半身再从旧壳中努力挣脱出来。蜕壳过程大约需要十分钟。

⑤小龙虾的新壳较软，但会在短时间内变硬。蜕壳是小龙虾最难自保的时候，成功之后，就可以开始一段新生了。

小龙虾是“小”龙虾吗？

我们常吃的小龙虾，是年幼、没长大的“小”龙虾吗？答案是否定的。小龙虾是克氏原螯虾的俗称，我们吃的一般就是成年虾，它们不会再长大多少。而我们说的大龙虾，一般是指波纹龙虾。虽然它们都属于甲壳纲的十足动物目，但是亲缘关系并不太近。你看它们的外表，小龙虾头顶有“长剑”、伸出一对大大的钳子，而波纹龙虾则没有。这是它们最大的直观区别。

龙虾脸盲症

市场上还有种“波士顿龙虾”，它们的螯宽大、厚实，特别威武。它们其实是美洲海螯虾，因为其个体能长得很大，个头堪比波纹龙虾，所以也被冠以“龙虾”之名。它们来自美国比较寒冷的海域，最大能长到 1 米多长、重 20 多千克，是最重的甲壳类动物。

除了克氏原螯虾、美洲海螯虾和波纹龙虾，市场上有时还能看到一种黑色的“小龙虾”，它们其实是东北黑螯虾。东北黑螯虾生活在淡水中，对水质要求很高。在人类的过度捕捞下，野生的东北黑螯虾已经濒临灭绝。

市场里的“珠宝”

市场里的贝壳们被放置在碎冰上，它们颜色缤纷，如同一个个闪闪发亮的珠宝。我们不妨在超市里进行一场“寻宝”游戏吧！

石田螺 *Sinotaia quadrata*

石田螺和中华圆田螺是市场里最常见的淡水螺类。石田螺就是螺蛳粉中的“螺蛳”。据说有的黑心商家会把个头更大的福寿螺混进去，但这种螺带虫率极高，要小心分辨。

观察要点： 体形呈圆锥状，右旋向上

原 产 地： 中国台湾地区淡水水域

Sinotaia quadrata

Pomacea canaliculata

Cipangopaludina cahayensis

泥蚶 *Tegillarca granosa*

泥蚶血液中含有丰富的血红素。

俗　　名： 血蚶

观察要点： 贝壳卵圆形，蚶肉呈鲜红色

原 产 地： 中国沿海地区

河流

浅海岩礁带

菲律宾帘蛤 *Ruditapes philippinarum*

俗　　名： 杂色蛤

观察要点： 贝壳有着美丽的花纹，生长出带有放射状、斑点或者锯齿状的花纹

原 产 地： 亚洲东部海域

亚洲长牡蛎 *Crassostrea gigas*

牡蛎的品种众多，其中亚洲长牡蛎是体型最大的一类，也是我们餐桌上最为常见的品种。南方著名小吃蚵仔煎和蚝油，都是使用牡蛎为主要材料。

俗　　名： 生蚝

观察要点： 贝壳大且坚厚，呈长条形

原 产 地： 韩国和中国沿海地区

缢蛏 *Sinonovacula constricta*

缢蛏养殖历史悠久，且产量巨大。缢蛏在滩涂中直立生活，只把如同触角的进、出水管露出滩面，过滤食物和海水，排除废物。

俗　　名： 蛏子

观察要点： 形态狭长，外壳呈蛋黄色

原 产 地： 中国和日本海域的浅海沙滩中

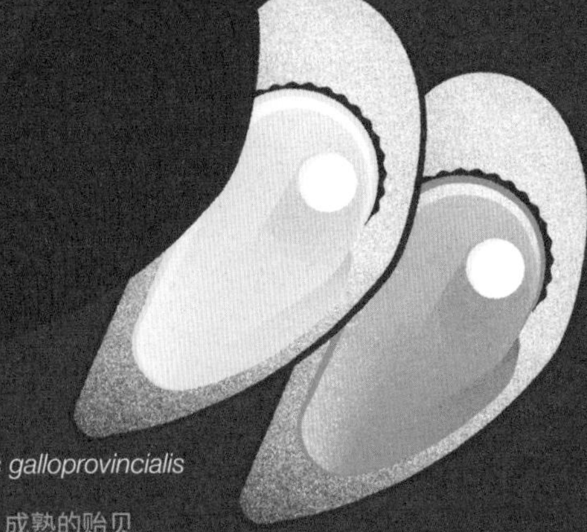

紫贻贝 *Mytilus galloprovincialis*

紫贻贝雌雄异体，成熟的贻贝可以根据颜色区分雌雄，雄性呈黄白色，而雌性贻贝则是鲜艳的橙黄色。

俗　　名： 海虹

观察要点： 形态偏狭长，前端较尖细，后端圆润且大

原 产 地： 中国黄海、渤海海域的浅海岩礁上

棒锥螺 *Turritella bacillum*

棒锥螺为淡水钉螺背负了多年的黑锅。淡水钉螺作为血吸虫的宿主让人闻风丧胆，而棒锥螺栖息于海底，是可以食用的海味。

俗　　名： 钉螺

观察要点： 贝壳呈尖锥形，壳表呈黄褐色或紫红色

原 产 地： 中国沿海海域

象牙凤螺 *Babylonia areolata*

象牙凤螺是非常美丽的贝壳，为中国台湾相当重要的食用性螺类。

俗　　名： 花螺、东风螺

观察要点： 贝壳呈纺锤形，壳表呈黄褐色，有不规则咖啡色块斑

原 产 地： 主要分布于中国福建、两广及台湾地区

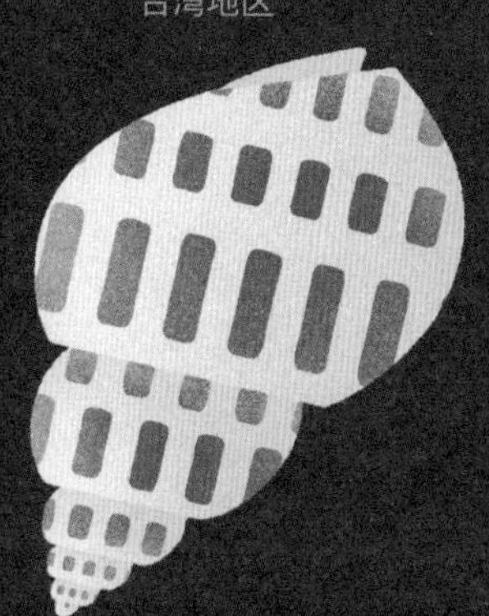

皱纹盘鲍 *Haliotis discus hannai*

市面上见到的皱纹盘鲍都是人工养殖的。皱纹盘鲍只有一片贝壳，靠着腹足紧贴着礁石生活。

俗　　名： 鲍鱼

观察要点： 贝壳上有多个凸起的小孔，壳体的色彩因生境的不同而变化，形成绚丽的色彩

原 产 地： 中国沿海海域

卡民氏峨螺 *Neptunea cumingii*

俗　　名： 香螺、风车螺

观察要点： 卡民氏峨螺的外壳上有一条条的凸起，这也是风车螺称号的由来

原 产 地： 中国黄海

栉孔扇贝 *Chlamys Farreri*

扇贝全身都是宝，除了食用外，扇贝闭壳肌还是海产干货——干贝的原材料。漂亮的贝壳还可以加工成装饰品。

俗　　名： 干贝蛤、扇贝

观察要点： 贝壳宽大且圆

原 产 地： 中国北部沿海

京城绿化带

城市里从来不缺乏自然美。当你在等待红灯的时候，当你行走在人行道上的时候，当你站在车站上等待公交车的时候，有不少美丽的花朵正静悄悄地开放。

那里有美丽不输给办公室盆栽的月季，有一簇簇灿烂的绣球，还有娇艳动人的德国鸢尾……它们生长在辅路和主路的交界处，也绽放于道路的中间；它们有小草相伴，也有大树相依。这些绿化带上的植物们，装点着整个京城，在人们最容易忽略的地方绽放着自己。当人们偶尔注

目，就会发现这些城市里的锦花绣草。

春天来临，路边不知名的树上绽放着粉色的小花，在不明所以的人们眼里，它有可能是桃花，有可能是西府海棠，也有可能是樱花。来一场如同猜灯谜般的小游戏，在路边辨认不同的植物，也是一种简单的乐趣。 还有那数不尽的漫天飞絮，一幅如同冬季飘雪般的画面，你是否知道它发生的过程和原因呢？

小小的绿化带里有着大秘密，每个城市的绿化带中也有着不同的植物。让我们一起来总结一下自己所生活的城市中绿化带里的植物及其秘密吧！

行道树的四季

北京四季分明：春日悄然而至，争艳的百花便是讯号；夏季炎热，却有四溢的花香；秋天短暂而美好，伴随着缤纷的落叶；冬季凛冽单调，松柏同我们一样渴望飘雪的装点。四季的北京，有着四季的景致。无须远行，在小区、在街角、在绿化带中，都留存着四季更迭的信号，提示着时间的流转。

让我们跟随时间的脚步，去探访每个季节最具代表性的植物吧。

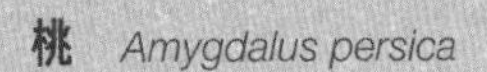

桃 *Amygdalus persica*

北京的春季是桃花盛开的时节。桃花娇俏美丽，但是春季开粉白色花朵的植物太多，有碧桃、榆叶梅、梅花等，想要分辨出谁是桃花，需要先好好学习一下。

观察时间： 3～5月

最佳地点： 北京植物园

槐 *Sophora japonica*

每年的夏季，槐树花盛开，香气四溢。槐，又名国槐，是北京的市树，也是北京种植最多的乔木。夏季在槐树下行走可要小心，说不定有俗称“吊死鬼儿”的槐尺蛾幼虫从天而降。槐树上滴落的黏液则是蚜虫吸食树汁后排出的液体。

观察时间： 6～8月

最佳地点： 复兴路两侧

银杏 *Ginkgo biloba*

每年秋天都是北京观赏金色银杏的好时节。生银杏果臭味阵阵，而炒熟的银杏果带着一股甘苦味，是秋天特有的味道。

观察时间： 10～11月

最佳地点： 钓鱼台国宾馆东墙、三里屯东五街和北京林业大学

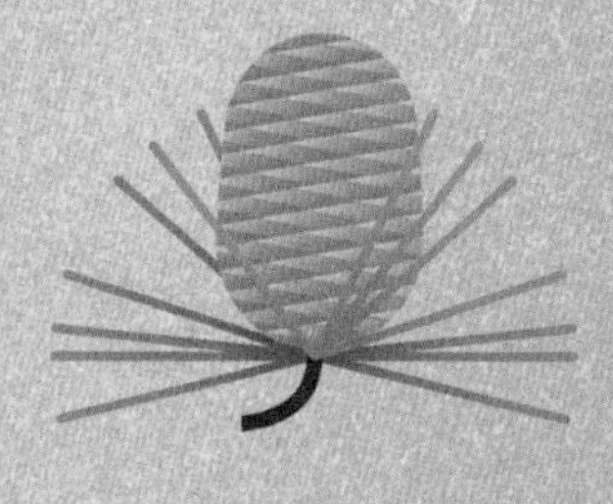

雪松 *Cedrus deodara*

雪松极易与中国本土原生的松柏混淆。塔状的树形和层层鳞片叠压的球果是识别它们的关键。

观察时间： 12月至翌年1月

最佳地点： 北京城市绿化带

行道树图鉴

行道树装点着我们的城市，挑选合适的植物种类可大有学问，不仅要适应当地气候、土壤，还要树形优美，易于养护。针对不同的区域种植不同种类的植物。北京的行道树不仅有世界著名树种，更有不少原生种类。在京城的马路上走一走，就能看见多种不同的行道树。

榆树

Ulmus pumila

榆树是北方常见的行道树。早春时节，榆树会结出绿色的翅果，因外形酷似铜钱，被人们唤作“榆钱”。鲜嫩的翅果可生食，常被制成榆钱饼，成为春天的味道。

原产地： 中国北方地区

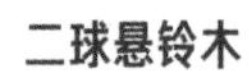

二球悬铃木

Platanus acerifolia

二球悬铃木就是大名鼎鼎的英国梧桐，如今在世界各地都有种植，是极其知名的城市绿化植物。

原产地： 欧洲

皂荚

Gleditsia sinensis

皂荚是一种用途极广的落叶乔木。其木材可用于制作家具；种荚经过煎煮，汁液可以替代肥皂，可以说浑身是宝。

原产地： 中国

合欢

Albizia julibrissin

合欢的叶子一到晚上就两两相合，被视为吉祥、恩爱的象征。6～7月是合欢花开的时节，粉红色的花序如同绒球，布满整树。

原产地： 中国、日本、韩国、朝鲜

元宝枫是一种优美的园林植物。入秋之后，其树叶会由绿变黄，由黄转红，色彩极其绚丽。

原产地： 中国北方地区

元宝枫
Acer truncatum

侧柏
Platycladus orientalis

因为枝叶扁平，排成一个平面，故被称为侧柏。侧柏是中国古代皇家最喜欢种植的树木之一。侧柏庄重的绿色与京城的黄瓦红墙相映成趣，有着典型的东方美学特征。

原产地： 中国

栾树
Koelreuteria paniculata

秋季时节栾树的红色蒴果会挂满枝头，像极了一盏盏红色小灯笼。

原产地： 中国北方地区

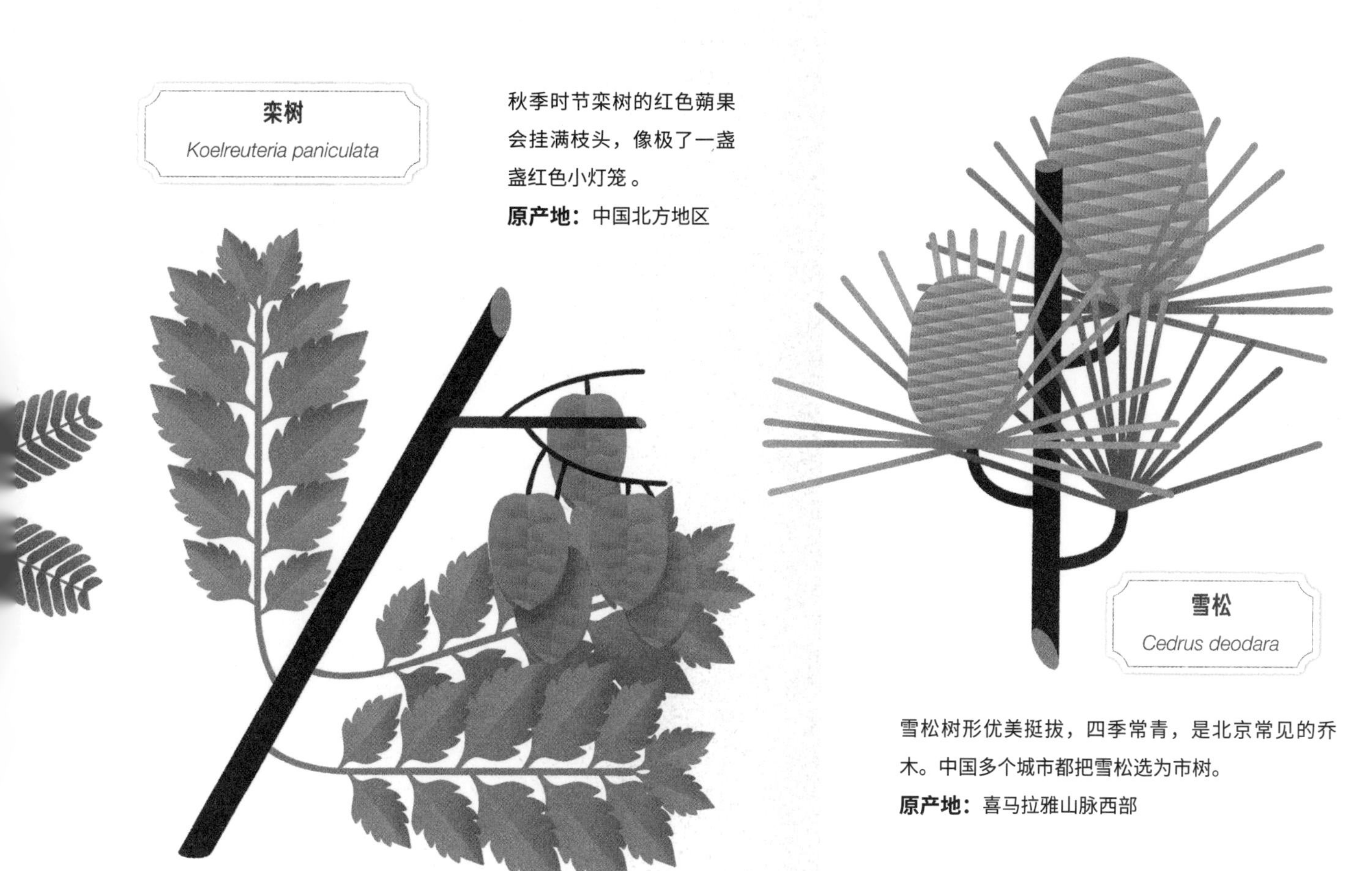

雪松
Cedrus deodara

雪松树形优美挺拔，四季常青，是北京常见的乔木。中国多个城市都把雪松选为市树。

原产地： 喜马拉雅山脉西部

春日『飘雪』

每年春天，天气回暖，北京都会经历一次“漫天飘雪”。这些白色“飘絮”是柳树和毛白杨为传播种子而产生的白色絮状茸毛。因为树形优美、生长速度快、吸附能力强等优点，柳树和毛白杨在北京早期城市绿化建设中被大量种植。近年来“飘絮”问题凸显，逐渐引起人们的关注。

“飘絮”固然惹人讨厌，却是植物为了繁衍而演绎出的“超级技能”。这些携带种子的絮状物质地轻盈，随风而起，轻而易举地飞到远方。御风飞行的策略被很多植物采用，松树、枫树和悬铃木等都采用此方法散播后代。为了抑制“飘絮”，人们给毛白杨的雌枝做嫁接，给柳树注射抑絮剂，在一定程度上缓解了“飘絮”蔓延的程度。

柳絮

♀ 雌花序

♂ 雄花序

垂柳

Salix babylonica

垂柳是北京城里十分常见的行道树品种，同时也是园林绿化中常用到的行道树品种。它垂下来的树枝随风飘荡，极具观赏性。

原产地： 中国黄河流域、长江流域

种子的传播方式

很多植物终其一生都被“束缚”在自己生长的地方，只有依靠种子，才能将后代传播向远方。为了能够拓展更多的领土、占领未曾被占据的阳光和土壤，植物们演化出各式各样传播种子的方式。这些方式主要分为四大类型：风力传播、水力传播、动物传播和自传播。

第一册 68 | **第二册** 11 | **第三册** 14 18 51

风力传播

毛白杨、柳树和蒲公英等植物都是靠风力传播种子，它们演化出各式各样轻便、适合飞行的方式，让种子能够尽可能飞向远方。

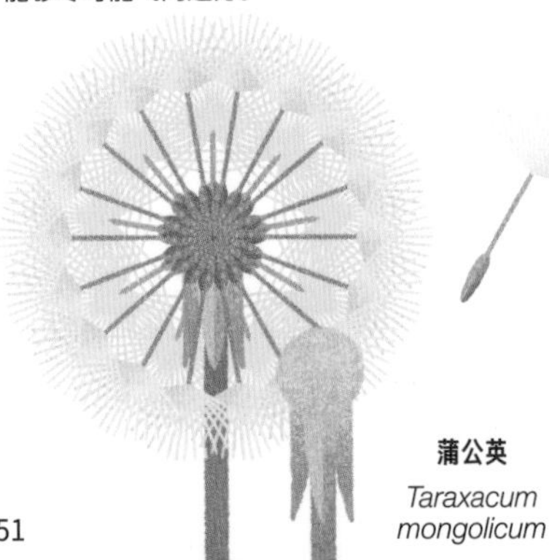

蒲公英

Taraxacum mongolicum

水力传播

荷

Nelumbo nucifera

荷花和椰子，都是依靠水流来传播种子。其种子成熟后会掉入水中，随着水流传播。

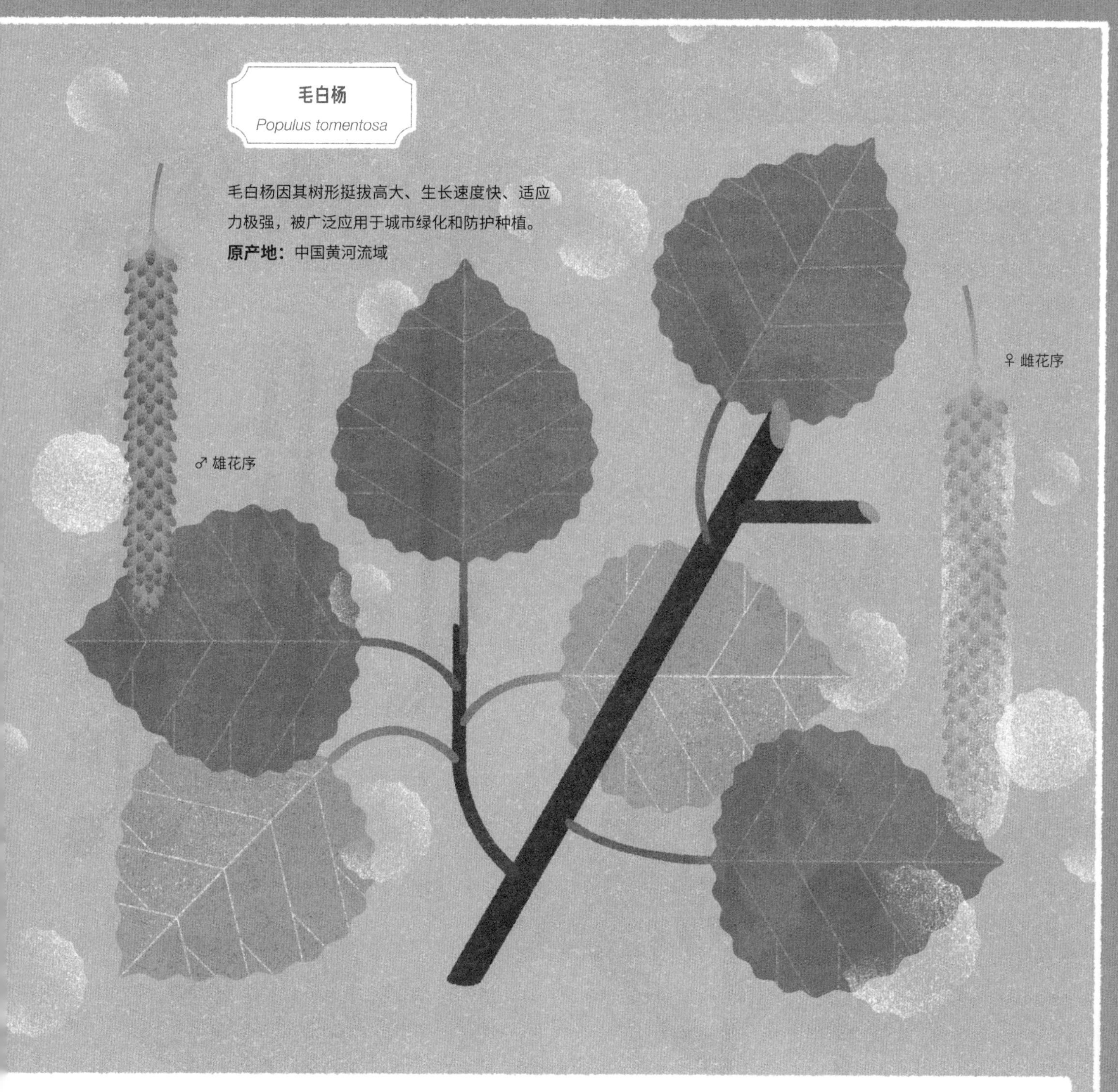

动物传播 相比于风力传播，靠动物传播的风险更小，偶然性更低，也不需要植物产生大量的种子。为动物们提供美味的果肉是引诱它们前来的好方式，而像苍耳这样的植物则演化出带“钩”的种子，能够牢牢钩住动物的皮毛，来一趟经济实惠的旅行。

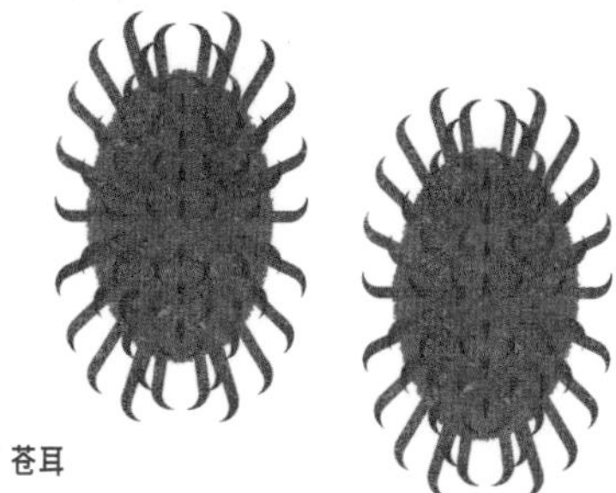

苍耳
Xanthium sibiricum

紫花地丁
Viola philippica

自传播

有些植物干脆自给自足，发展出各种弹射种子的方式，紫花地丁就是其中之一。

争奇斗艳的园林花卉

北京市里的公园乃至道路两边的优美景观，并不仅仅是植物自由生长的结果。在这片城市的大自然里，还有着这样一群植物“功臣”，它们被人为种植在城市里，起着点缀城市的重要作用。它们因为都具有一定的观赏性而被称为园林花卉。

紫荆 *Cercis chinensis*

紫荆属的紫荆有别于香港市花洋紫荆（红花羊蹄甲），是一种完全不同的植物。紫荆是清华大学的校花。

原产地：中国

花　期：4～5月

连翘和迎春都在春天争相绽放，稍不留神，就会把它们弄混。连翘拥有四瓣花瓣，迎春花拥有六瓣花瓣，这是辨别它们最快速的方式。

原产地：中国中部和北部

花　期：3～4月

松果菊 *Echinacea purpurea*　　**黑心金光菊** *Rudbeckia hirta*

松果菊和黑心金光菊如今在北京的各大公园和花圃都极易见到。只要有它们在，就会吸引大量的蝴蝶、蜜蜂前来采食花蜜。

原产地：北美洲

花　期：松果菊6～8月，黑心金光菊5～9月

玉兰 *Magnolia denudata*

玉兰先开花后绽叶，整树都会被花朵覆盖，美丽异常。

原产地：中国中部

花　期：3～4月

现代月季 *Rosa hybrida*

由中国月季和欧洲月季杂交而来。情人节的"玫瑰"其实也是现代月季。

花期： 5～10月

萱草 *Hemerocallis fulva*

又名忘忧草，萱草花是中国的母亲花。萱草根有毒，切记不可食用。

原产地： 中国

花　期： 5～7月

德国鸢尾 *Iris germanica*

鸢尾是园艺届的宠儿，每年春季，北京的花圃里都会开满鸢尾。这些都是由欧洲人培育的园艺品种。

原产地： 欧洲中部和南部

花　期： 4～5月

绣球 *Hydrangea macrophylla*

绣球在18世纪引入欧洲，逐渐成为风靡园艺界的植物。

原产地： 中国

花　期： 6～8月

粉红家族

桃、李、梅、杏、樱……这些植物都在春季开出满树浅白、粉红色的花朵，但是想要分辨它们却不是很容易。让这张图表带你告别蔷薇家族的“脸盲症”吧！

4月

5月

紫色萼片

杏属

② 杏
Armeniaca vulgaris

③ 重瓣榆叶梅
Amygdalus triloba f.multiplex

桃属

花朵单生

重瓣，
有丰富的颜色变种

蔷薇科

⑥ 李
Prunus salicina

花瓣缺口，
五瓣花瓣

李属

⑦ 樱桃李
Prunus cerasifera

樱属

⑧ 东京樱花
Cerasus yedoensis

梨属

⑨ 梨
Pyrus spp.

苹果属

⑩ 西府海棠
Malus micromalus

知识卡片索引

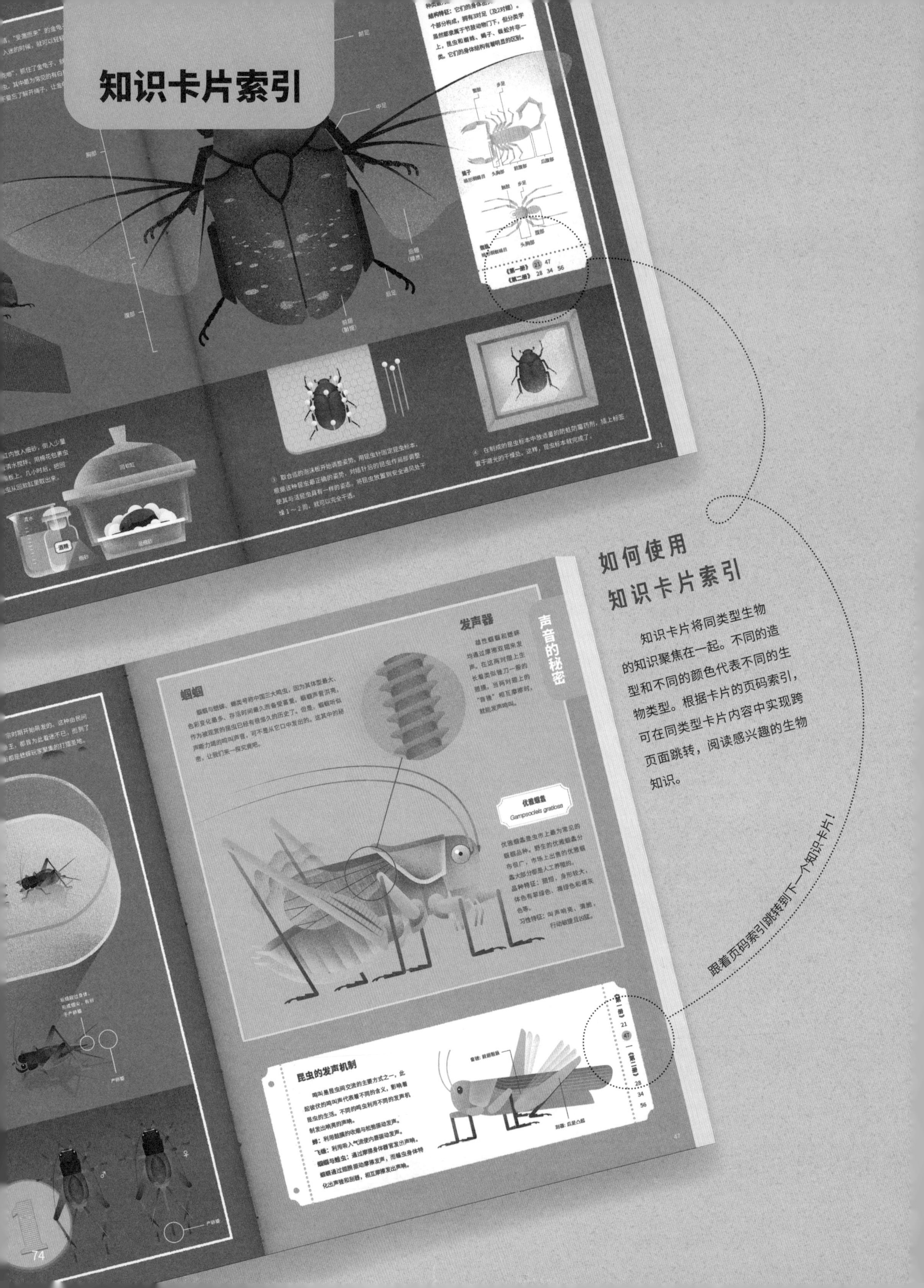

如何使用知识卡片索引

知识卡片将同类型生物的知识聚焦在一起。不同的造型和不同的颜色代表不同的生物类型。根据卡片的页码索引，可在同类型卡片内容中实现跨页面跳转，阅读感兴趣的生物知识。

跟着页码索引跳转到下一个知识卡片！

植物卡片

第一册

种子的传播方式 68

第三册

蜜蜂眼中的花朵 14
花的结构 18
什么是山区垂直分布 51

第二册

什么是湿地........ 11

哺乳动物卡片

第二册

冬眠 55

第三册

飞行的秘密........ 54

鸟类卡片

第一册

羽毛的功能........26
筑巢材料集锦 31
一起来做人工鸟巢 34
教你看懂鸟类分布图例........43

第二册

鸟类的足 18
鸟大十八变........43
鸟类的视野........68
鸟类迁徙通道 73

第三册

鸟类的尾羽类型 63

节肢动物卡片

第一册

什么是昆虫........21
昆虫的发声机制 47

第二册

寄主植物 28
花园忍术——拟态........34
蛾类与蝴蝶........56

鱼类及两栖动物卡片

第一册

鱼类的形态........ 50

第三册

蛙类的发声........ 38

物种索引

哺乳动物

C

仓鼠 *Cricetinae spp.* 9, 10

H

花鼠 *Tamias sibiricus* 10, 37

J

家猫 *Felis catus* 9, 10, 36, 37

家犬 *Canis lupus familiaris* 8, 11, 12, 13

家鼠 *Mus musculus* 37

家兔 *Oryctolagus cuniculus* 10

M

蒙眼貂 *Mustela putorius furo* 9, 11

R

绒毛丝鼠 *Chinchilla lanigera* 9, 11

T

豚鼠 *Cavia porcellus* 8, 11

鸟类

B

八哥 *Acridotheres cristatellus* 40, 43

白鹡鸰 *Motacilla alba* 35

白头鹎 *Pycnonotus sinensis* 25

D

大山雀 *Parus cinereus* 35

H

黑头蜡嘴雀 *Eophona personata* 41

黑尾蜡嘴雀 *Eophona migratoria* 41, 42

红喉歌鸲 *Luscinia calliope* 40, 43

红喉姬鹟 *Ficedula albicilla* 35

红隼 *Falco tinnunculus* 24

画眉 *Garrulax canorus* 38, 40, 42

黄颊山雀 *Parus spilonotus* 43

黄雀 *Carduelis spinus* 41, 42

灰喜鹊 *Cyanopica cyanus* 25

J

家麻雀 *Passer domesticus* 27

家燕 *Hirundo rustica* 25, 32, 33

家燕 北方亚种 *Hirundo rustica tytleri* 32

金腰燕 *Cecropis daurica* 32

M

麻雀 *Passer montanus* 24, 26, 27, 28, 29, 35, 37

煤山雀 *Periparus ater* 35, 42

蒙古百灵 *Melanocorypha mongolica* 41, 43

S

山麻雀 *Passer rutilans* 27

T

太平鸟 *Bombycilla garrulus* 42

W

乌鸫 *Turdus mandarinus* 24

X

喜鹊 *Pica pica* 23, 25, 30, 31

小嘴乌鸦 *Corvus corone* 24

Z

沼泽山雀 *Parus palustris* 38, 41

珠颈斑鸠 *Streptopelia chinensis* 22, 25, 37

两栖及爬行动物

B

巴西红耳龟 *Trachemys scripta elegans* 15

豹纹守宫 *Eublepharis macularius* 14

D

东方蝾螈 *Cynops orientalis* 14

M

美西钝口螈 *Ambystoma mexicanum* 15

N

南美角蛙 *Ceratophrys cranwelli* 15

W

无蹼壁虎 *Gekko swinhonis* 37

Y

玉米锦蛇 *Elaphe guttata* 14

Z

真鳄龟 *Macroclemys temminckii* 15

鬃狮蜥 *Pogona vitticeps* 9, 14

甲壳类及软体动物

B

棒锥螺 *Turritella bacillum* 61

波纹龙虾 *Panulirus homarus* 53, 59

D

大瓶螺 *Pomacea canaliculata* 60

东北黑鳌虾 *Cambaroides dauricus* 59

F

菲律宾帘蛤 *Ruditapes philippinarum* 60

K

卡民氏峨螺 *Neptunea cumingii* 61

克氏原螯虾 *Procambarus clarkii* 58, 59

M

美洲海螯虾 *Homarus americanus* 59

N

泥蚶 *Tegillarca granosa* 60

拟穴青蟹 *Scylla paramamosain* 52, 57

P

普通黄道蟹 *Cancer pagurus* 57

S

三疣梭子蟹 *Portunus trituberculatus* 52, 56

石田螺 *Sinotaia quadrata* 60

X

象牙凤螺 *Babylonia areolata* 61

Y

亚洲长牡蛎 *Crassostrea gigas* 60

缢蛏 *Sinonovacula constricta* 60

Z

栉孔扇贝 *Chlamys Farreri* 52, 61

中华绒螯蟹 *Eriocheir sinensis* 56

中华圆田螺 *Cipangopaludina cahayensis* 60

皱纹盘鲍 *Haliotis discus hannai* 61

紫贻贝 *Mytilus galloprovincialis* 60

物种索引

昆虫

B

白纹伊蚊 *Aedes albopictus* 19

白星花金龟 *Protosia brevitarsis* 20, 21

D

淡色库蚊 *Culex pipiens pallens* 19

德国小蠊 *Blattella germanica* 18

H

黑腹果蝇 *Drosophila melanogaster* 18

黑蚱蝉 *Cryptotympana atrata* 45

黄脸油葫芦 *Teleogryllus emma* 46

L

蟪蛄 *Platypleura kaempferi* 45

M

蒙古寒蝉 *Meimuna mongolica* 45

迷卡斗蟋 *Velarifictorus micado* 46

鸣鸣蝉 *Oncotumpana maculicollis* 45

T

铜绿异丽金龟 *Anomala corpulenta* 19, 20

W

弯角蝽 *Lelia decempunctata* 18

X

小黄家蚁 *Monomorium pharaonis* 9, 19

Y

摇蚊 Chironomidae spp. 19

衣蛾 *Tinea pellionella* 19

衣鱼 *Lepisma* spp. 19

优雅蝈螽 *Gampsocleis gratiosa* 39, 47

鱼类

B

贝氏孔雀鲷 *Aulonocara baenschi* 17

C

草鱼 *Ctenopharyngodon idellus* 55

D

大黄鱼 *Larimichthys crocea* 53, 54

大菱鲆 *Scophthalmus maximus* 54

淡黑镊丽鱼 *labidochromis caeruleus* 17

点带石斑鱼 *Epinephelus coioides* 52, 54

H

横纹神仙鱼 *Pterophyllum altum* 16

红吻半线脂鲤 *Hemigrammus bleheri* 16

J

鲫 *Carassius auratus* 51

金鱼 *Carassius auratus Linnaeus* 48, 49, 50, 51

M

玫瑰鲃脂鲤 *Hyphessobryccon rosaceus* 16

美丽硬仆骨舌鱼 *Scleropages formosus* 16

N

尼罗罗非鱼 *Oreochromis niloticus* 55

霓虹脂鲤 *Paracheirodon innesi* 16

Q

翘嘴鳜 *Siniperca chuatsi* 55

S

四棘新亮丽鲷 *Neolamprologus tetracanthus* 17

T

唐鱼 *Tanichthys albonubes* 17

W

尾斑新亮丽鲷 *Neolamprologus caudopunctatus* 17

乌鳢 *Ophiocephalus argus* 55

Y

银鲳 *Pampus argenteus* 54

鳙鱼 *Aristichthys nobilis* 55

Z

真鲷 *Pagrosomus major* 53, 54

中国花鲈 *Lateolabrax maculatus*...........53, 54

中华鳑鲏 *Rhodeus sinensis* 17

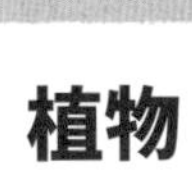

植物

C

苍耳 *Xanthium sibiricum*........... 69

侧柏 *Platycladus orientalis*........... 67

垂柳 *Salix babylonica*........... 68

D

德国鸢尾 *Iris germanica* 71

东京樱花 *Cerasus yedoensis* 73

E

二球悬铃木 *Platanus acerifolia*........... 66

H

合欢 *Albizia julibrissin*........... 66

荷 *Nelumbo nucifera*........... 68

黑心金光菊 *Rudbeckia hirta*........... 70

槐 *Sophora japonica* 64

L

梨 *Pyrus* spp. 73

李 *Prunus salicina*........... 73

连翘 *Forsythia suspensa* 70

栾树 *Koelreuteria paniculata*........... 67

M

毛白杨 *Populus tomentosa*........... 69

梅 *Armeniaca mume* 72

P

蒲公英 *Taraxacum mongolicum*........... 68

S

松果菊 *Echinacea purpurea*........... 70

T

桃 *Amygdalus persica* 64, 72

桃（碧桃）*Amygdalus persica* ‘Duplex’ 72

X

西府海棠 *Malus micromalus* 73

现代月季 *Rosa hybrida*........... 71

杏 *Armeniaca vulgaris* 73

绣球 *Hydrangea macrophylla*........... 71

萱草 *Hemerocallis fulva*........... 71

雪松 *Cedrus deodara* 65,67

Y

银杏 *Ginkgo biloba* 65

樱桃李 *Prunus cerasifera*........... 73

迎春花 *Jasminum nudiflorum* 70

榆树 *Ulmus pumila*........... 66

玉兰 *Magnolia denudata* 70

元宝枫 *Acer truncatum*........... 67

Z

皂荚 *Gleditsia sinensis* 66

重瓣榆叶梅 *Amygdalus triloba f.multiplex*........... 73

紫花地丁 *Viola philippica*........... 69

紫荆 *Cercis chinensis*........... 70

图书在版编目（CIP）数据

在胡同 / 刘几凡, 余明伟著. -- 北京 : 北京联合出版公司, 2020.6

（城市自然故事·北京）

ISBN 978-7-5596-4068-0

Ⅰ. ①在… Ⅱ. ①刘… ②余… Ⅲ. ①动物 – 北京 – 少儿读物②植物 – 北京 – 少儿读物 Ⅳ. ①Q958.521-49 ②Q948.521-49

中国版本图书馆CIP数据核字（2020）第043349号

在胡同

作　　者：刘几凡　余明伟
联合策划：北京地理全景知识产权管理有限责任公司
策划编辑：乔　琦
特约编辑：林　凌
责任编辑：李　伟
营销编辑：唐国栋
特约印制：焦文献

北京联合出版公司出版
（北京市西城区德外大街83号楼9层 100088）
北京联合天畅文化传播公司发行
北京华联印刷有限公司印刷 新华书店经销
字数：60千字 889毫米×1194毫米 1/16 印张：5.5
2020年6月第1版 2020年6月第1次印刷
ISBN 978-7-5596-4068-0
审图号：GS（2020）1076号
定价：79.00元